"狂风"和"鹰狮"

西风 编著

中国市场出版社
China Market Press

图书在版编目（CIP）数据

"狂风"与"鹰师" / 西风编著 . —北京：中国市场出版社，2014.9
ISBN 978-7-5092-1278-3

Ⅰ.①狂… Ⅱ.①西… Ⅲ.①歼击机—介绍 Ⅳ.① E926.31

中国版本图书馆 CIP 数据核字（2014）第 150666 号

出版发行	中国市场出版社	
社　　址	北京月坛北小街 2 号院 3 号楼　　邮政编码　100837	
电　　话	编 辑 部（010）68034190　　读者服务部（010）68022950	
	发 行 部（010）68021338　68020340　68053489	
	68024335　68033577　68033539	
	总 编 室（010）68020336	
	盗版举报（010）68020336	
邮　　箱	1252625925@qq.com	
经　　销	新华书店	
印　　刷	三河市宏凯彩印包装有限公司	
规　　格	170 毫米 ×230 毫米　16 开本	版　次　2014 年 9 月第 1 版
印　　张	13	印　次　2014 年 9 月第 1 次印刷
字　　数	260 千字	定　价　58.00 元

目录 Contents

下图：在"博尔顿"行动期间，英国皇家空军第 617 中队装备热成像激光指示吊舱的 GR1B "狂风"战斗机在科威特沙林空军基地的跑道上排列。冷战后，支持国际维和行动是"狂风"战斗机的重要任务之一。

"狂风"战斗机

全副武装的三合一 F3"狂风"战斗机，机翼下挂有 4 枚 AIM-9M"响尾蛇"导弹，机腹下挂有 4 枚英国宇航公司的"天空闪光"导弹。

研 制

1968年2月，比利时、联邦德国、意大利和荷兰空军部长一同召开了一项会议。这项会议的主要内容是探讨用什么飞机取代洛克希德F-104G"星"式战斗机的事宜，最后决定开展多用途战机（Muti-Role Combat Aircraft，MRCA）的研制计划。一个联合工作小组迅速成立，并于3月3日正式启动。在接下来的几个月中，加拿大（它也拥有"星"式战斗机）和英国也加入到小组中来，因为在20世纪60年代英国灾难性地遭遇了众多项目的终止，包括P.1154"猎手"飞机和布里斯托尔飞机公司（BAC）的TSR-2飞机研制项目。

1968年7月，6国政府开始了MRCA项目第一阶段的研制工作。到了10月，MRCA的需求遭到了否定，加拿大和比利时退出了这个项目，只剩下布里斯托尔飞机公司（英国的BAC）、梅塞施密特公司（联邦德国的MBB）、菲亚特公司（意大利的Fiat）和福克公司（荷兰的Fokker）。在四家客户——德国空军、德国海军航空部队、意大利空军和英国皇家空军成立了北约多用途战机管理机构（NAMMA）的同时，这些公司也相应地在慕尼黑组建了狂风飞机集团。这使得他们能够统一行动，并将他们各自的需求统一提交给狂风公司。另一个能较好地控制MRCA的花费并保证其不偏离研制方向的重要方面是采用

下图：英国皇家空军提出替换"堪培拉"战斗机后开始了TSR-2项目，后来在1965年被工党政府取消，当时已有一架原型机试飞，另外两架也即将试飞。

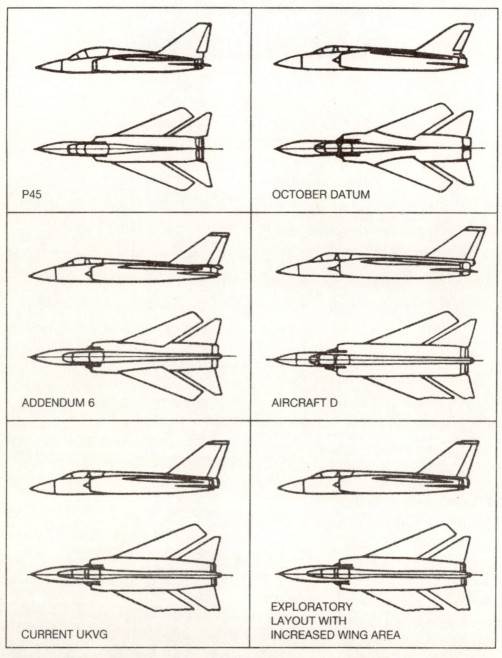

P45

OCTOBER DATUM

ADDENDUM 6

AIRCRAFT D

CURRENT UKVG

EXPLORATORY
LAYOUT WITH
INCREASED WING AREA

上图：设计图显示了英国宇航公司的MRA-75从其最初P45设计一步步发展的过程。最后一幅（一种增加了机翼面积的探索性设计）是英国宇航公司提出的MRA-75基本方案，采用了德国"未来战斗机"（NKF）的机翼外挂支点设计，并最终演变为定型的"多用途战斗机"。

了理解备忘录（MoUs）的方法。该方法详细描述每个要完成的目标，并且每个目标都要由各成员政府在每一个生产阶段进行签字。然而虽然制定了这样的程序，荷兰还是在 1969 年 7 月退出了该项目，但是这并没有妨碍整个项目的顺利进行。福克公司所负责的工作被其他几家仍留在狂风集团的公司分担。

在项目进展过程中他们要克服满足各种特别要求的困难，该项目的成员要求飞机能承担许多角色的任务，尽管一些使用者并不需要这架飞机所具备的所有这些能力。这些能力包括：封锁；对空防御；战场空中封锁；近距空中支援；侦察；海上攻击和单点拦截。一些新的武器将会专门为 MRCA 设计，但是它仍须与四个预期中的使用者所拥有的现役武器相匹配。

从 1970 年 7 月 22 日开始，MRCA 的研制一直采用 MoU（谅解备忘录）方法来进行项目监督，最终形成了 9 架试飞用的机身和 1 架用来做静力试验的机身。在这一时期，联邦德国虽然之前要求购买 700 架 MRCA，但是由于它中途购买了很多 F-4"鬼怪"战机，使得它对 MRCA 的需求量减少到了 324 架。加上英国预订的 385 架和意大利预订的 100 架，总的"狂风"战机订购数量达到了 809 架。

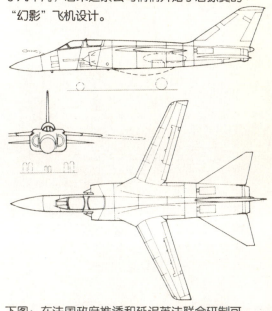

下图：英国主导的英法联合研制可变后掠翼飞机是注定要失败的，因为法国人更偏爱由法国自己设计的"幻影"G。英法项目被故意搁置了几个月，后来达索公司悄悄开始了后掠翼的"幻影"飞机设计。

下图：在法国政府推诿和延迟英法联合研制可变形机翼飞机项目的时候，达索公司正在全速推进"幻影"G 的研制工作，等到法国退出联合研制的时候飞机就已经可以试飞了，最初设计有四分之一是英国元素，现在则全部是法国自行设计。

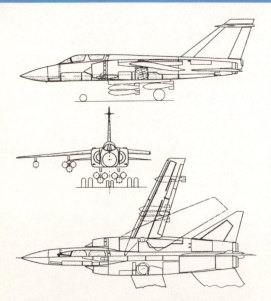

上图：法国退出联合研制后，英国宇航公司继续进行研制工作，设计出 UKVG。先进垂直起降战斗机项目终止后，德国被邀请参加项目，为"狂风"战斗机打下了基础。

上图：德国－美国 AVS（先进垂直起降战斗机）把 2 台主发动机和 4 台机翼升力发动机结合在一起。尽管明显看起来不实用，还是有人支持用其替代英－德协议。

在 16 架原型机和预生产的飞机中，P.01、04、07、13 和 16 在联邦德国生产完成；P.02、03、06、08、12 和 15 在英国生产完成；P.05、09 和 14 在意大利生产完成；剩下的 P.10 留在沃尔顿（Warton）做静力实验。P.01/D–9591 在 1974 年 8 月 14 日首次升空，并在同一月这款飞机被正式命名为"狂风"。两个月后，P.02/XX946 成为第一架以官方的给予的代号飞行的飞机。

剩下的 13 架飞机在接下来的几年里也陆续地开始试飞来完成这一批次的审查。这些飞机变得越来越复杂，开始只是针对飞机外形展开试飞，进而又对所有的产品标准要求进行试飞验证——对后期气动模型的唯一更改是针对如何设计一种更为有效的垂尾翼根整流罩而进行的。基本确定了构型的整流罩安装在了 P.06/XX948 上，它的试飞任务还包括对毛瑟（Maoser）27 毫米口径机炮的验证。这门机炮是专门为这架飞机的前机身而设计的。P.07 主要进行自驾系统和地形跟踪的验证。P.08 是第二架拥有两套操纵装置的原型机。P.09 是专门为测试武器而服务的。这 9 架飞机中的 2 架——P.08 和 P.04 在试飞过程中发生事故而坠毁了，飞机上的所有 4 名机组乘员都因此丧生。

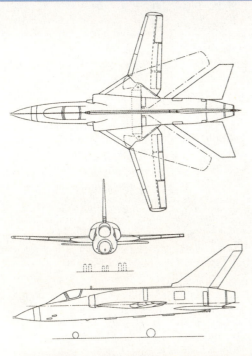

左图：相当复杂和昂贵的先进垂直起降战斗机（AVS）项目在 1967 年被取消，德国 MBB 公司开始制造"未来战斗机"——一种单座可变机翼飞行器，而最终其机翼形状被 MRA-75 采用。

下图：P.12 是 6 架预生产的飞机中的第 2 架，在 1977 年 3 月 14 日完成首飞。它在博斯库姆（Boscombe）唐区（Down）进行试飞，正在完成英国将"狂风"纳入中队服役的试飞审查。

上图：当 P.02/XX946 于 1974 年 10 月 31 日在沃顿（Warton）完成首飞之后，它成为第一架以"狂风"命名的原型机。图中 P.02 正在由胜利者（Victor）K.MK.2 飞机进行空中加油。狂风的空中加油审查也是由这架飞机作为加油机来配合完成的。这项审查是为了满足德国和意大利的特殊要求。

左图：这是向公众展示的首架多用途战斗机模型（1969 年 9 月）。它显示飞机具有一个小尺寸的座舱盖，混合进气口，机翼支点在机身内，而多用途战斗机当时已经计划把支点移到机身外。最后的设计在 1969 年 3 月定型，与这个看起来一点都不像。

左图：1973 年图册上的多用途战斗机，虽然还只是木头模型（藏在沃尔顿的一个飞机库中，而且只对少数人开放），但已经接近最后的设计。

下图：P.02 原型机主要用来完成性能审查、外挂测试和空中加油测试。这架多用途战机（MRCA）必须能与各种各样的现有的装备相匹配——要求它不仅能胜任各种类型的任务，还要求它能携带 4 国空军的武器和外挂。

左图:狂风06号原型机,属于英国预生产的几架狂风中的一架。从图中能看出它能携带8枚277千克集束炸弹、2个油箱和天空阴影电子对抗(ECM)吊舱。这架飞机是第一架原型机,它用来对27毫米毛瑟机炮的瞄准射击进行测试。

上图:"狂风"战斗机项目在多用途战斗机原型试飞前已开发得比较成熟。这一"海盗"战斗机是2架(XT272和XT285)装备了"狂风"战斗机雷达和航空电子设备的战机之一,其整流罩与"狂风"战斗机的几乎一模一样。

左图："火神"轰炸机 XA903 被用来测试 RB 199 发动机，其机身与"狂风"战斗机相同，进气口和输送管也一样，右舷进气口之前的前机身外形也完全仿制了"狂风"战斗机。在最初几次飞行中该机左翼下带有一个检测仪表舱。

上图：1974 年 4 月 8 日，一架多用途战机（MRCA）原型机在位于西德曼兴（Manching）的工厂生产出来。它被命名为 P.01，并由狂风（Panavia）公司完成喷涂，且赋予系列代号 D-9591。

左下图和下图：第一架英国的多用途战机（MRCA）原型机与另一架由欧洲冒险投资生产的英法联合研制的"美洲虎"战机。"美洲虎"于 1973 年开始服役，比"狂风"战机早 7 年左右。

右图:"狂风"战斗机的IWKA-Mauser27毫米机炮在一架从英国皇家空军租借的"闪电"F2A型上试验。这种机炮与30毫米亚丁机炮不可互换,但是可以装在同样大小的舱内。

下图:首架MRCA原型机离开奥托布伦向曼兴进发,时间是1973年2月12日。一张花花公子的中间插页被粘到了覆盖机头的防水油布上,代替雕像。100千米的路程花了6小时,中途还要砍掉路边的树枝,并把飞机轮胎放了气,让其可以通过一座矮桥。

试 飞

作为欧洲首架由三个国家合作研制的军用飞机，"狂风"战斗机也是三个国家首次合作的飞行测试项目。出于政治上的考虑，和整个工程的很多地方类似，飞行测试也要"一式三份"。没有哪个合伙人不愿意拥有自己的飞行测试中心和自己的生产线。后来尽管决定成立三个单独的飞行测试中心，但是各方

上图：P.02（首架英国原型机）在沃尔顿首次试飞情景，后燃室正喷出火焰。飞行员为保罗·米利特，后座上是意大利飞行员彼得罗·特雷维桑，在意大利首架原型机试飞之前积累经验。

都小心避免出现重复工作的情况。北约多用途战斗机发展与生产管理局和帕纳维亚飞机公司因此协调了任务，把飞行测试项目的各个部分分配给了三个国家的制造商。英国宇航公司、德国MBB公司和意大利阿里塔利亚公司分别选择了沃尔顿、曼兴和卡塞莱作为各自的测试中心，但是德国在原地装配他们的飞机。三国在1970年7月22日签署了谅解备忘录，为9架原型机（编号从P.01到P.09）外加1架静态测试机（P.10）做好准备。这些原型机分配给三个制造商的测试中队：P.01/P.04/P.07给了德国MBB公司，P.02/P.03/P.06/P.08给了英

上图：如图所示，P.01在初始滑行时主进气口和辅进气口都安装了网状栅格。这种巧妙的红白涂装被用在了好几个早期原型机上。

国宇航公司，P.05和P.09给了意大利阿里塔利亚公司。虽然项目很多方面有重叠（有时也是不可避免的），多用途战斗机遵循了测试项目的规范，每架原型机被分配了具体的（通常是独一无二的）测试功能，总体上要分别对飞机的飞行功能和武器系统进行验证。

下图；"狂风"战斗机之父。第一架"狂风"战斗机原型机正式与媒体见面。包括弹射座椅在内的很多装备都没有安装，而且进气口也故意被封住，飞机左舷前机身带有三国标志，机翼上有英国和意大利圆形标志。

曼兴用它的3架原型机进行了初步的操控和性能测试工作，并用于开发复杂的线传飞控系统和航空电子设备。沃尔顿的4架原型机也有两个任务——探索并扩展飞行状态范围，开发并测试用于双重控制的教练型。在卡塞莱的工作主要集中于测试不同的外挂布局。虽然沃尔顿比曼兴多1架飞机，但这并不意味着英国飞行测试中心在整个项目中具有核心地位。几种重要的支援飞机，比如装备毛瑟机炮的"闪电"战斗机、"火神"轰炸机发动机试验平台和2架特殊装备过的"海盗"战斗机都在沃尔顿。

1973年3月，三方又签署了一份谅解备忘录，追加生产6架样机（P.11到P.16）。这些样机将根据不同标准进行制造，具有混合原型/生产-标准机身结构，每一种都更加靠近预定的生产标准。3架额外的原型机分配给了德国MBB公司（P.11、P.13和P.16），2架（P.12和P.15）给了英国宇航公司（在该谅解备忘录签署时还称为英国飞机公司），P.14给了意大利阿里塔利亚公司。当时，各方就生产配额达成了以下协议：英国385架，意大利100架，德国需要212架外加德国海军航空兵的112架，总共809架。这一数据包含了4架额外的原型机，这些飞机将重新涂装。这4架飞机加入了它们各自的军用飞行测试

上图：呼号"Luna 23"的原型机（编号P.01）正在飞行。该机由德国组装，由英国宇航公司的首席试飞员保罗·米利特驾驶，从德国机场起飞，一名德国飞行员坐在后座。

中心，但没有进入现役。值得注意的是，授权满负荷生产的谅解备忘录三年后才签署。

正如"狂风"战斗机的机身结构是经过仔细筹备并达到了政治平衡的联合企业所设计，飞机的新动力装置也是如此。Turbo Union有限公司（劳斯莱斯、德国MTU和菲亚特三家公司组成的联合企业）的成立就是为了监督劳斯莱斯RB 199涡轮式发动机的研制和生产。发动机的原型在1973年春进入了飞行测试阶段。1973年4月19日，发动机被装在一个特殊设计的吊舱中，安装在"火神"轰炸机B1试验平台（XA903）上进行了首次试飞，这个试验平台曾用来进行"协和"飞机的奥林匹斯试验。吊舱是用来模拟"狂风"战斗机机身的

一部分，带有典型的进气口和进气道。

由于"火神"轰炸机本身有些结构和电路方面的问题，原定的飞行次数有所减少，RB 199 发动机的研制也延缓了。但即使后来"火神"轰炸机的问题解决后，所有事情也没有变得非常顺利。发动机安装和发动机本身都出现了问题，例如试验表明有发动机喘振、缺油和扇叶脱落等问题。但是 RB 199 是非常先进的发动机，虽然研制方没有如期获得 MkRA 首次试飞的许可证，但还是取得了令人兴奋的结果。与此同时，首架多用途战斗机原型离开 MBB 公司的奥托布伦制造厂，于 1973 年 11 月 12 至 13 日夜间经公路运到曼兴进行装配。满是条纹的机身被严密覆盖起来，有些地方还使用了木框来故意扭曲从外表观察到的飞机总体尺寸和外形。

1974 年年初，1 台改进过的 RB 199 开始在"火神"轰炸机平台上进行飞行测试，此次测试证明其性能适合多用途战斗机的需求。虽然发动机问题导致了项目中断，但这样使帕纳维亚飞机公司有时间在第一架多用途战斗机原型机上进行其他改进和添加试验设备，因此这种延迟也是有益处的。

空中测试

编号 P.01 的原型机，序列号 D-9591（1976 年年初其军用编号为 98+04），

下图：在后期，P.01 被重新编号为 98+04，重新涂上了德国空军的伪装，但是还有几处明显的色块。这里可以看见飞机机头有一个很长的测试加油导管，照相机整流罩在雷达预警接收器前部，面对着右舷前机身下面的尾部。

于 1974 年 4 月 8 日运抵曼兴，由于发动机的飞行许可证还未获得，因此距最后取得首航许可还有些时间。项目各方经商议决定，由英国宇航公司军用飞机部首席试飞员、多用途战斗机项目试飞员保罗·米利特进行首次试飞，德国 MBB 公司的飞行员尼尔斯·迈斯特坐在后座。

1974 年 8 月 14 日，历史性的时刻终于来临，P.01 从曼兴的跑道升上灰色的天空，进行了 30 分钟的"基本操作"飞行，一架德国空军的 TF–104 和 G–91T 跟在后面。米利特把翼展保持在 26°，对飞机在 3050 米的高度低速操作比较满意，他随后调整了动力和副翼，加速到 300 节。米利特在一次故意的进场失败后着陆，比最优着陆速度还快了 20 节，创造了"首次飞行"纪录，也弥补了只

上图：P.02 在这张照片中清晰显示了方形整流罩附着于尾翼端。里面有用于颤振试验的主控振荡器，该装置在这张照片拍摄后不久就拆除了。后缘襟翼显示处于起飞位置。

用"起飞"襟翼的不足。

由于天气原因，第二次飞行直到 1974 年 8 月 21 日才进行，在这期间米利特和迈斯特进行了单一发动机操作训练，模拟了飞行控制失败，并把翼展加到 45°。迈斯特在 1974 年 8 月 29 日的第三次飞行中坐在前座，比计划中的要早一个架次，而且成为首个"狂风"战斗机超声速飞行员，把飞机马赫数加到 1.1，翼展达到 68°。由于 P.01 越来越不能代表按最终设计而制造的飞机，因此空气动力试验由后来的原型机进行，这架飞机更多地被用来进行发动机研制

和测试，在反推力装置研制中做了大量工作。它是在曼兴唯一一架有白色尾部的"狂风"战斗机，但其机翼上却留下了很多乌黑的斑点。这架飞机后来在1978年3月变成了第一架装载04发动机（首台全推力RB 199发动机）的飞机，并重新涂装，重新编号为98+04。

1974年9月，多用途战斗机终于不再使用缩写字母：MRCA，而有了自己的真实名字。经过一些讨论和争论，最后定名为"狂风"战斗机。"狂风"在三种语言中都可以被理解，因此取代了"帕纳维亚的美洲豹（Panavia Panther）"这一名称。Panther被弃用是因为它是其中一个国家厕所去垢剂的主要品牌名称。1974年10月30日，保罗·米利特在沃尔顿试飞了第一架英国原型机（P.02,XX946），意大利阿里塔利亚公司试飞员彼得罗·特雷维桑坐在后座，主要目的是积累经验。当它首次飞行的时候，P.02在尾部升降副翼一端的方形吊舱中装载了颤振激发器，但不久后拆除。P.02的任务是探索并扩展飞行状态范围，并继续进行停顿和旋转试验，探索在各个攻击角度和速率范围内的操纵特性。

P.02装备了RB 199-03发动机并彻底改变了进气口，首先证明了在低空"狂风"战斗机具有能够达到并保持800节仪表空速的超凡能力，相当于马赫数1.3，成为世界低空最快的飞机。1977年5月，飞机在高空进行了高速试验，达到马赫数1.93后还可加速。这样的速度与其他早期"狂风"战斗机型号形成鲜明对比，因为这些飞机的固定进气口和低推力发动机限制了其速度。

这架勤奋的英国原型机还证明了可以在极短的时间里实施空中加油，1975年7月该机在一次飞行中与维克多K2空中加油机演练了"干"和"湿"对接。试验证明"狂风"战斗机摆动很稳定，但是之后的试验表明，在高空战

下图：P.02获得"狂风"战斗机初始空中加油许可证是在1975年7月，图为战机从马厄姆空中加油机中队的一架维克多K2号上接受燃料补给。值得注意的是，这架飞机是涂有第232换装训练部队标志的飞机之一。

上图：第二架英国原型机 P.03 首次试飞，作为首架涂了伪装的飞机，P.03 一开始涂装的是旧式的红白蓝 D 型英国皇家空军圆形标志和尾徽。

斗机缺乏推力，会给空中加油对接造成困难。尽管空中加油还存在问题，这一早期测试可以说获得了成功，加快了飞行测试的步伐，弥补了之前发动机研发造成的延误。飞行测试计划中使用空中加油机延长了每个飞行架次的时间，反过来又意味着在单次飞行中可以测试更多的项目。P.02 也承担了一些外部负载的试验。

　　下一架试飞的"狂风"战斗机（1975 年 8 月 5 日试飞）是 P.03，编号 XX947，为首架双座战斗机。该机型设计装备全功能雷达，但这架飞机只加了一些压舱物。飞行员是佩伍·凡格斯和蒂姆·费格森，飞机涂上了英国皇家空军深蓝灰色和深绿色伪装，下面是淡灰色，而不再是之前原型机涂的红白黑"帕纳维亚"色。除了测试双摇杆，这架飞机成为主要的高迎角测试机。它与 P.02 一起进行停顿和螺旋复位试验，1976 年 10 月 4 日它不慎滑出了跑道，从而引发了相关性能的改进。当时费格森掌握驾驶杆，飞机滑过了非常潮湿的跑道进入草坪。在这起事故中飞机受到的损害很小，但是由于这起事故，研制方提高了飞机前轮转向操纵，加强了主起落架并调整了反推力喷流，使得飞机在着陆滑跑时能保持最大的方向舵效能。P.03 后来进行了最大起飞重量试验，1978 年达到了 26490 千克起飞重量（03 发动机）。

　　最终用户开始参与解决项目"最棘

手的部分"。第一个驾驶这种飞机的非帕纳维亚试飞员是弗里茨·苏,西德国防部雇用的文职人员,1975 年 11 月 26 日他驾驶 P.01 飞行了 50 分钟。之后他的同事克劳斯·科格林和英国皇家空军克莱夫·拉斯廷中校和朗姆·巴罗斯少校、意大利空军凯撒·卡松尼中校和帕斯奎尔·加里巴分别进行了试飞。由于这 6 名试飞员接受的是机型训练,项目中又增加了 3 架飞机。P.04(D–9592,后称 98+05)被汉斯·弗里德里希、弗雷德·雷米西和尼尔斯·迈斯特于 1975 年 9 月 2 日进行了试飞。首架意大利"狂风"战斗机(P.05,X–586)1975 年 12 月 5 日在卡塞莱升空,飞行员是彼得罗·特雷维桑,后座没有人乘坐。之后试飞停顿了 5 个月,等待安装 RB 199。英国的 P.06(XX948)也于 1975 年 12

右图:P.03 是首架双重操纵的"狂风"战斗机,可以用于测试飞行员变换以及具体的飞行测试任务。这里可以看见飞机在雷达预警接收机前部装了一部前视测试照相机。

下图:首架英国原型机 XX946,一开始涂装红白帕纳维亚色,但后来改为英国皇家空军涂装。图中这架飞机在进行早期外挂试验,翼展全部打开。

上图：曾经有计划为前线英国皇家空军的"狂风"战斗机增加"伙伴加油"的功能，但是这些计划没有付诸实施。在海湾战争中，很多飞机改装后都安装了德国海军的空中加油吊舱，但是这些都没有派上用场。同样，计划安装 Mk20H 空中加油吊舱也并没有实现前线伙伴加油的能力。

上图：首架意大利"狂风"战斗机准备滑行升空，后座舱没有坐人。许多"狂风"战斗机原型机首飞时都只有一名飞行员。P.05 一开始涂的是帕纳维亚醒目的红白色。

月 20 日进行了首飞，机上只有一名飞行员——达弗·菲格拉斯。

在新的飞机中，P.04 也许是最关键的，因为它是首架装有航空电子开发包的"狂风"战斗机。各种各样的黑匣子已经经过了帕纳维亚主要设计管理团队数月的实验室测试，从 1974 年年底开始，对航空电子系统的飞行测试在两架霍克飞机公司的"海盗"试验机（XT272 和 XT285）上进行，重新安装了剑桥马歇尔的中央研制与管理团队第三阶段开发的航空电子设备，从 1974 年 11 月开始在沃尔顿进行训练。这些飞机不能全部安装"狂风"战斗机的所有系统，而且还缺乏数字电传操控系统。在 P.04 上，飞行控制系统和自动驾驶仪、攻击雷达（得克萨斯仪器公司制造）、地形跟踪雷达、导航设备和武器界面等关键设备首次集成在了同一架飞机上。

上图：预先生产的 P.15 在伙伴加油试验中靠近 P.03 时放出锥形管。在测试中使用伙伴加油使得单架次飞行时间增加。

在 1975 年年底到 1976 年年初飞机必须经过 12 次飞行测试，完成初步阶段。这一过程非常关键，因为授权全能力生产的谅解备忘录在 1976 年夏天就到期。幸运的是，P.04 在曼兴的飞行很成功。测试人员对必要的试验数据都进行了收集并及时进行了分析，1976 年 7 月 29 日各方按时签署了批量生产谅解备忘录和首批生产订单。首批生产订单中英国皇家空军和德国空军分别为 23 架和 17 架，意大利暂时没有。P.04 之后进行了简短的空气动力学调查，最后被用来进行 MW-1 反跑道炸弹试验、数字自动驾驶仪测试和地面测绘雷达

下图：沃尔顿的 P.06 在早期射击试验中试射 27 毫米毛瑟机炮。炮口焰和炮身后面的烟流很明显。后座舱装载了试验设备。

测试。

　　虽然 P.04 进行了关键试验并取得成功，P.05 就不那么幸运了。1976 年 1 月它遭受了一次重大挫折，飞机当时是第六次飞行，降落在伽塞雷，但是机头首先着地，导致前机身严重受损。这架飞机后来换了新的机身前部结构，于 1978年 3 月重新飞上天空。但是在当时它的很多研发任务（集中在机身颤振和负荷测试）分配给了沃尔顿的 P.02。

　　沃尔顿的 P.06（达弗·伊格斯驾驶，首次独自试飞）是在垂直尾翼上装备了涡流产生器的首架飞机，承担军备开发的任务。它是首架装备新式 IWKA-Mauser 27 毫米机炮的首架"狂风"战斗机，但是到了 1978 年 4 月 P.06 才进行了首次空中开火试验。这种机炮在 RB 199 发动机安装在"火神"试验平台上进行空气吸入试验时就进行过测试。进一步的试验使用了具有半圆形背部的英

上图：P.05 经涂装后，随意点缀了一些照相机校准条纹，并打上了今后要接受这一型号战机的部队的标志。飞机在机翼下挂有测试摄像机吊舱，机身下有一个加斯木公司的"空中鲨鱼"子母弹撒布器。

国皇家空军"闪电"F2A（XN795）战斗机。"闪电"战斗机在沃尔顿参与测试，但是它已被正式租借给了 IKWA-Mauser 公司。和 P.04 相同，P.06 在签署生产谅解备忘录之前也要证明其性能。这些方向包括分离和释放某些关键的外部负载（主要是 1500 升的燃料箱和 454 千克炸弹），到 1976 年 3 月底，这些任务都圆满完成。P.06 重新设计了方向舵底部的整流罩，因为有试飞员发现在跨声速区会出现轻微的尾部摆动，是由边界层分离问题引起的。这一简单的空气动力设计成功解决了问题，并减少了过大的底部阻力。

　　第七架"狂风"战斗机（P.07/98+06）1976 年 3 月 30 日从曼兴起飞，由尼尔

左图：预生产的飞机P.11，可以看见有一个MW-1反跑道炸弹测试吊舱。弹药撒布器的导管可以清晰看见，因为这是一种模块化的武器。

行了为期一年的测试。保罗·米利特在1976年7月15日成为首名三次试飞"狂风"原型机的飞行员。另一架飞机（P.08/XX950）的后座舱装备了一系列的飞行控制设备，雷·乌利特进行了首飞。这架飞机和P.03一起继续进行双座控制型的测试和武器瞄准训练。

最后一架原型机于1977年2月3日进行了试飞，首架预生产的飞机也是在同一天试飞。在卡塞莱，P.09/X-587

斯·迈斯特和弗里茨·埃克特驾驶，和P.04一起参加航空电子系统测试。飞机装备了提高功率后的自动驾驶仪，以及具有革命性的自动地形跟踪系统，这两种装备在德国的特殊试验线路上已进

下图：P.08是另一架在沃尔顿的双座战机，主要用于武器瞄准测试。后来发生一起严重事故，之后被注销，成为首架出现这种情况的"狂风"战斗机。

由彼得罗·特雷维桑和马里路·夸仑特里驾驶；在曼兴，弗雷德·雷米西和库尔特·施赖布驾驶 P.11/98+01 试飞，这是第一架德国双重控制战机。P.11 是有意被推迟的，因为有消息称各方达成协议在原型机试飞完后才开始对预生产的飞机进行试飞，以避免冲突。实际上 P.11 和 P.12 在 P.10 还是机身阶段的时候就已经组装完成了。

P.09 不久部署到了西西里岛的西格里拉，开始外部负载试验，主要针对英国皇家空军、德国空军和意大利空军选择的三种配置进行试验。1977 年夏天，地中海地区为这次试验提供了所需的高温环境，这一试验一直持续到同年底在撒丁岛西莫曼鲁开始进行的武器实弹射击。P.09 试射过的武器有德国海军航空兵挑选的"鸬鹚"反舰导弹。P.11（其特征是尾部整流片经过了修改，抵消了速度达到马赫数 0.9 时机身内在产生的摆动）测试前首先由工程小组进行了空气动力学评估。

1977 年 3 月 14 日，第一架预生产的英国"狂风"战斗机——P.12/XZ630，由蒂姆·菲格斯和罗伊·肯沃德驾驶在沃尔顿升空。这架飞机（有人称为第一架"军用'狂风'战斗机"）之前由帕纳维亚飞机公司和军方试飞员试飞，后来于 1978 年 2 月 3 日，由达弗·伊格斯

送到博斯坎普城的飞机与军备试验站。一开始对其进行测试的是负责高速喷气式飞机试验和认证工作的"A"中队，但后来克利韦·拉斯廷中校在博斯坎普城成立了专门的"狂风"战斗机评估中队，并配备了机组和地勤人员。

为了保持三国生产标准的一致性，博斯坎普城与德国的 61 试验场（位于曼兴，在那里德国 MBB 公司也设立了一条新的"狂风"战斗机生产线）以及意大利位于罗马附近波梅齐亚的试验飞行基地开展了紧密的合作。飞机与军备试验站主要针对飞机控制、武器、导航和通信系统进行测试，不过三国军事测试中心的工作会有些重叠，人员流动也

下图：英国预生产的飞机 P.12 飞往沃尔顿，低空飞过列普河岸。飞机的机身下挂有 6 个 454 千克的炸弹，机翼下没有武器。

上图：预生产的 P.13 发射 AGM-88 高速反辐射导弹。能够兼容高速反辐射导弹是德国第 5 批飞机以及专门用于敌方防空压制的电子对抗与侦察型"狂风"战斗机的特点。

比较频繁，往往会从一个试验地区调动到其他地区。

61 试验场在 1979 年 3 月 28 日接收了第一架"狂风"战斗机：P.11/98+01，这架飞机刚刚进行了完空气动力试验，后来又接收了 P.13/98+02，这架飞机由弗里茨·苏和雷恩·亨克于 1978 年 1 月 10 进行了首飞。P.13 是首架安装了改进后的标准全动平尾副翼的飞机。这一设计的主要特征是在机身三分之二处安装一个控制部件，这是由于之前发现有些飞机在机翼全部展开的飞行过程中，全动平尾副翼太过靠近机翼的后部边缘，因此后来采用了这样一个新的设计。

接下来试飞的"狂风"战斗机是 P.15/XZ 631，由杰里·费和吉姆·埃文斯在沃尔顿进行了首飞。最后 4 架预生产的飞机每架都至少有一个按计划生产的标准机身的重要特征。P.15 有一个标准后机身，和一个"湿"翼。所谓的"湿"翼是只有英国皇家空军"狂风"战斗机才有的，加装了一个 551 升的燃料箱（零号油箱）。

在卡塞莱的 P.14（X-588，后来交付给意大利空军，编号改为 MM7001），有着标准机翼，1979 年 1 月 8 日升空，飞行员是曼利奥·夸兰泰利和埃吉迪奥·纳皮。这架飞机后来改成了全生产标准，但是它从来没有配备给意大利空军的前线部队。最后的试验型飞机是西德的 P.16（98+03），其机身是按最新规格制造的。这架飞机在德国 MBB 公司新的曼兴工厂组装，1979 年 3 月 26 日进行了首次飞行，飞行员是阿尔明·克鲁汉和弗里茨·埃克特。所有之前的德国"狂风"战斗机都是把机翼卸下来后，经过公路从奥托布伦工厂运送到慕尼黑郊外，整个过程非常费事。

最后一架预生产飞机试飞后几个月，第一架生产型"狂风"战斗机于 1979 年 6 月 5 日在沃尔顿的生产车间下线。ZA319 被编为 BT001（表明是英国产第一架教练机）。所有英国皇家空军拦截机／攻击机或者对地攻击型（IDS）飞机都被英国皇家空军归为 GR1 型"狂风"战斗机，不管是不是安装了双重控制，不过 GR1T 的名称有时候也在非正式场合使用。在曼兴，GT001（第一架生产型德国教练机）几天后从德国 MBB 公司的工厂下线。

6 天后，也就是 1979 年 6 月 12 日，悲剧发生，英国宇航公司试飞员鲁斯·澎杰里和一位飞机和军备测试站的领航员约翰·格雷操纵 P.08/XX950 在距离沃尔顿 80 千米远的爱尔兰海进行低空测试／训练的时候失踪，当时空中雾比较大。地面没有收到任何遇险呼叫，一开始以为是飞行员飞向大海迷失了方向，或者遇到危险情况的干扰。后来调查表明飞机事实上是在进行模拟投弹机动的过程中坠毁——这对正要把这些飞机纳入现役承担核打击任务的国家来说是非常令人烦恼的。

该事故调查还在进行的时候，达弗·福格斯和雷·乌利特于 1979 年 7 月 10 日驾驶 BT001 进行了 87 分钟的首航。飞机后来于 1979 年 11 月 15 日交付给博斯坎普，进行飞控系统测试。GT001/43+01 于 1979 年 7 月 17 日从曼兴首飞，

其制造商和军方也进行了类似测试（得到了 61 试验基地的德国 MBB 公司工厂的大力帮助）。首架生产型意大利样机（IT001/MM55000）是第二批制造的"狂风"战斗机中的第二架，直到 1981 年 9 月 25 日才试飞。1980 年 4 月，第二架原型机（P.04）在一次飞行表演排练中失事，两名飞行员丧生。

"狂风"战斗机原型机和预生产的飞机都不是很标准，不适用于改装和进入前线服役，只有继续承担研发的职责，后来又转为承担武器装载训练等地面训练任务。

下图：德国原型机和预生产的飞机在曼兴列队。P.01 是第二架飞机，前端安装了一个很长的测试导管，它的白色机翼经过大量的反推力试验后变得很脏。其他几架飞机是 P.07、P.04、P.11 和 P.13。

随着初期帕纳维亚飞机公司和军方飞行测试工作的完成，"狂风"战斗机已随时可进入现役。

要列装新式战斗机，首先需要训练机组人员驾驶新式飞机，各方决定（根据四个用户之间的协议）所有机组人员的训练可以由三国联合实施。这是一个行动决定，更是一个政治决定，因为三

上图：英国皇家空军、德国空军和意大利空军的"狂风"战斗机 A、B、S 中队在靠近科蒂斯莫尔基地的拉特兰上空编队，每个中队除了涂有三国"狂风"战斗机飞行员训练中心（TTTE）的箭头标志外还有一个尾翼徽章。

个训练机构会比三个飞行测试中心、三条装配线要节约成本，而且看起来似乎不那么荒谬。尽管真正的作战和武器系统替换要由各国自己完成，但是，各方决定共同合作成立首个"狂风"战斗机训练机构，每个国家的空军派遣教官并提供飞机。1974年三个国家成立了联合操作研究组，后来又成立了三国"狂风"战斗机飞行员训练中心（一般被称作Triple-TTE）。这样就推迟了决定和安排飞机进入现役的时间。

三国"狂风"战斗机飞行员训练中心（TTTE）

英国、德国和意大利分别调查了自己国内的基地。1975年，英国皇家空军的科蒂斯莫尔被选为三国"狂风"战斗机飞行员训练中心的所在。科蒂斯莫尔是V-轰炸机部队使用的9个一级机场之一，有宽阔的机库和完善的配套设施，并有大型值班飞机停机坪和一条2700米长的主跑道。为准备迎接"狂风"战斗机的到来，基地原来的飞机都转移到了别处。三国在1979年5月8日签署了谅解备忘录，正式确定科蒂斯莫尔为三国"狂风"战斗机飞行员训练中心基地，6月首批"狂风"战斗机工作人员进驻，成立"狂风"战斗机机组课程设

计组（TACDT），制定能够满足三国需求的教学大纲。

在首批工程人员到达一周后，"狂风"战斗机地面维护学校（曾用名为"狂风"战斗机维修学校）正式于1979年10月31日成立。1980年7月，"狂风"战斗机工程和发展调查组（TEDIT）成立。1980年8月4日，成立了"狂风"战斗机现役软件维护组（TISMIT）。

一些骨干飞行员和领航教官在曼兴接受了德国MBB公司开设的5项维修指导机组训练（SIAT）课程。课程在1980年5月开始，11月28日结束。期间大多数学生只通过了地面学校的课程，另外15个主要人员（9个飞行员和6个领

下图：英国皇家空军汉宁顿基地的第二和第三批"狂风"战斗机武器换装中心。飞机在汉宁顿基地徽章的基础上又打上了剑和双箭头翼徽。它们后来在机头涂上了第45中队的标志，表明这一部队在1984年1月采用了隐蔽身份。

本页图：一开始，英国皇家空军就想用 AIM-9 "响尾蛇"空－空导弹装备"狂风"战斗轰炸机作为自卫武器。这架第 20 中队的飞机正在位于英国皇家空军维利基地的导弹训练营低空发射一枚 AIM-9 导弹。"响尾蛇"导弹从后部发射意味着导弹排气流包裹住了飞机尾翼，在海湾战争中 F3 "狂风"还加装了镍引导头，以便需要发射多枚导弹。

航员）接受了 13 小时的换装飞行训练。其他人员在第一批受训人员到达之前在科蒂斯莫尔接受了换装飞行训练。

训练中心第一架"狂风"战斗机于 1980 年 7 月 1 日到达科蒂斯莫尔。这是一架 GR1（ZA320）双座战斗机，由英国宇航公司的保罗·米利特和奥利·海亚特驾驶，同行的还有 ZA322，由科蒂斯莫尔的驻地指挥官 M.C.西蒙兹上校以及空军第一大队指挥官、空军少将迈克尔·奈特正式接收。首批机组人员在次月末开始飞行训练，训练模式一开始就是由来自两个国家的飞行员驾驶第三国的飞机。成立的首个多国机组包括英国皇家空军拉兹·波尔少校和德国空军冯·西

韦尔斯少校。冯·西韦尔斯（与伦格少校一起）于 1980 年 9 月 2 日驾驶第一架德国"狂风"战斗机（43+05）到达训练中心。

英国和德国机组成员组成了第一个换装训练班，于 1981 年 1 月 5 日开始训练。之后，1 月 29 日，三国"狂风"战斗机飞行员训练中心才由当时几位参谋长迈克尔·比特汉姆（英国皇家空军）、弗里德里奇·奥布莱塞（德国空军）、甘特·弗洛姆（德国海军航空兵舰队司令）和兰贝托·巴尔托卢奇（意大利空军）正式宣布成立。

随着训练计划的开展，三国"狂风"战斗机飞行员训练中心的飞机数量持续增加。所有飞机都编了代号，由几个国家商定的字母–数字模式来表示（B 表示英国空军，G 表示德国空军，T 表示意大利空军），后面的两位数字编码，标准型为从 01 到 49 双座型为 50 以上。第一架意大利对地攻击型"狂风"战斗机（MM55001）1982 年 4 月 5 日到达，从那时起，训练中心的飞机增加到 50 架（德国 22 架，英国 21 架，意大利 7 架）。训练中心事实上接收了所有 43 架第一批生产的使用 RB 199 Mk 101 发动机的飞机，其中英国 23 架，德国对地攻击型（IDS）17 架，其中各有 12 和 14 架是双座战斗机。剩下还有 3 架是英国的

防空截击型（ADV）原型机。

在整个训练中心的结构里，飞机由"狂风"战斗机换装训练部队（TOCU）管辖。这一部队下设四个中队：A 中队（由一名英国皇家空军军官指挥）、B 中队（由德国军官指挥）和 C 中队（由意大利军官指挥），外加一个标准（S）中队，其指挥官由三国轮换。正如其名称所暗示的，标准中队负责对"狂风"战斗机教官进行训练和标准化工作。虽然训练中队的指挥官是按国籍任命的，但学员则不考虑他们的国籍或来源。不同国籍的人员和战斗机经常一起飞行。

换装训练课程持续 13 周，从第 5 周开始有飞行课程。飞行员飞行 28 架次（总计约 36 飞行小时），而领航员飞行 23 架次（总计约 29 飞行小时）。飞行员的训练课程包括 6 架次的过渡飞行、3 架次的编队飞行、2 架次夜间飞行、3 架次仪表飞行、3 架次导航、2 架次攻击、4 架次武器瞄准练习外加 3 个白天和 2 个夜晚的自动地形跟踪训练。领航员的课程基本相似。后座飞行员先飞行 2 个过渡架次，然后是 2 架次编队飞行、2 架次夜间飞行（但是没有仪表飞行）、6 架次导航飞行，外加和飞行员相同数量的攻击飞行、武器瞄准和自动地形跟踪训练。标准中队为新的飞行或领航教官提供额外 15 小时，并专门针对今后

要成为仪表飞行等级审查员（IRE）的人员制定相应的课程。中队还向高级军官提供短训课程。面向今后与"狂风"战斗机行动有密切联系但不大可能进入前线参战的基地指挥官及其以上级别的人员则提供介绍性的课程。

首架达到1000飞行小时的飞机是ZA361（1985年10月10日），月末43+05（德国空军）也达到这一数量，MM55000在1986年2月28日达到。训练中心累计在1991年5月达到了100000飞行小时，此时距中心成立10周年刚过几个月。

武器使用训练

虽然换装训练和教练培训是统一进行的，但是由于每个国家对战机设定的任务以及装备的武器都不同，因此战术和武器使用训练应该由各国自己开展。

英国皇家空军汉宁顿基地（另一个前"火神"轰炸机基地）成为三国"狂风"战斗机飞行员训练中心的基地，也被选为英国皇家空军"狂风"战斗机武器换装训练中心。1981年6月29日，汉宁顿迎来了第一架GR1"狂风"战斗机（ZA542），8月1日武器换装训练中心成立，邓肯·格里菲特任指挥官。中心经过了5个月的大纲修订和教员训练，

1982年1月11日才从三国"狂风"战斗机飞行员训练中心接收第一批学员。

三国"狂风"战斗机飞行员训练中心接收的飞机是第一批次生产的，武器换装训练中心的飞机则是第二批次生产的。一开始交付给武器换装训练中心的"狂风"战斗机没有在机头下部安装激光测距仪，但其推力值更高，后来的GR1都装备了激光测距仪。第二批次合同于1977年5月签署，最初包含110架飞机（英国55架，意大利15架，德国40架），后来又增加了3架。这3架飞机代替了3架英国皇家空军ADV原型机加到第一批次后IDS减少的数量。

在第一号科目课程开始的时候，武器换装训练中心已经有了25架飞机。中心是英国皇家空军最大的单位之一。三国"狂风"战斗机飞行员训练中心教会飞行员如何驾驶"狂风"战斗机，武器换装训练中心则教他们如何进行作战，并如何应用其先进的武器系统。训练中心制订了轰炸和空中攻击的原则，然后开始讲授流程和技术，以及如何使用AIM-9"响尾蛇"导弹作防御性机动。地形跟踪和高、低战术编队飞行也在训练课程之列。在这一课程中飞行员需飞行32小时，领航员只需飞行29小时。在课程结束时，很多架次的飞行是由组合的学员机组来完成，训练在前线作战

本页图：JP 233 反跑道武器，装备 GR1 型"狂风"战斗机，由两个大型吊舱组成，内含跑道攻击弹药和小型地雷。所有武器通过吊舱底部的端口爆炸式向下发射。跑道攻击弹药有降落伞减速，内部炸药可以把弹头压入跑道表面。使用后吊舱丢弃，后部首先脱离。图中飞机是 BS007，加载了翼下摄影机吊舱，有点像是改装后的"天空阴影"ECM 吊舱。

时所需的合作技能。中心还开设对合格武器教官（QWI）的培训课程。合格武器教官回到自己的单位后监督学员毕业后的战术和武器使用训练以及标准化。

随着越来越多第三批次装备激光测距仪飞机的交付使用，它们替代了部分武器换装训练中心的旧飞机。第三批次的首架飞机 ZA365 于 1982 年 9 月 20 日到达汉宁顿基地。武器换装训练中心于 1983 年 5 月 10 日派遣三架 GR1 到加拿大鹅湾进行低级别的训练，这是首

上图：第 38 联队是首个按照德国操作控制单元和战术武器训练单位组建并发挥作用的德国空军"狂风"战斗机联队。联队一开始负责训练德国空军和德国海军航空兵。

次在海外部署英国皇家空军的"狂风"战斗机。这些在北美洲训练的飞机后来涂装了英国皇家空军的红色箭头记号。1983 年年底，中心获得了"影子"中队身份，意味着在战时，武器换装训练中心教官会分配到前线。从 1984 年 1 月 1 日起，第 45 中队成为中心的"影子"部队，但是新的中心标记在一个月前就已经出现在飞机上。

在英国皇家空军成立"狂风"战斗机武器换装中心的同时，德国空军也成立了自己的武器训练中心（简称为 WaKo），包括位于埃尔丁（Erding）的德国空军第一后勤团检修维修分队的一部分，以及其"狂风"战斗机接收部队——第 11 技术分队。

WaKo 于 1981 年 11 月 9 日接收了自己第一架对地攻击型"狂风"战斗机 43+28，1982 年 2 月 16 日正式服役。训练中心当时有 9 架飞机（预计之后会增加到 16 架），1982 年 3 月 31 日，"狂风"战斗机 43+40 到来——这是交付给北约组织的第 100 架飞机。

正如"狂风"战斗机将替换德国空军 F-104G 那样，"狂风"战斗机武器训练中心取代了"星"式战斗机武器学校。这一过程从 1983 年 5 月开始，学校逐渐为 WaKo 让位，之后 WaKo 于 1983 年 7 月 1 日搬到了耶夫尔。德国空军把中心从过渡状态变为了像第 38 联队那样完全的战斗轰炸机联队，1983 年 8 月 26 日正式成立。中心名义上拥有 24 架飞机，所有都编在一个中队（第 381 中队），中心接收来自三国"狂风"战斗机飞行员训练中心 /"狂风"战斗机换装训练部队的德国空军和德国海军航空兵学员，给他们开设大量战术武器使用课程（形式与英国皇家空军类似），包括 30 小时的飞行训练。第 38 战斗轰炸机联队也训练并为德国空军和德国海军航空兵认证合格飞行教官和合格武器教官。

和德国一样，意大利也用"狂风"战斗机替换了 F-104"星"式战斗机。第一个接收"狂风"战斗机的 F-104"星"

式战斗机单位是第 6 联队。1982 年 8 月 27 日，布雷夏军用机场的第 154 战斗轰炸机中队接收了第一架飞机（MM7006），由第 6 联队的新指挥官加布里埃莱·因格罗索中校驾驶。

第 154 中队从三国训练中心引进了一些教官，于 1983 年 5 月 20 日正式重组。该中队接收了意大利空军 12 架双座战斗机中的大多数，其中有 4 架派给三国"狂风"战斗机飞行员训练中心，有 2 架后来分别进入第 36 和第 50 联队。意大利"狂风"战斗机部队遭受了许多困难，部分原因是新的后勤链有问题，还有部分原因是缺乏设备和人员。这些情况阻碍了部队的早期行动，飞行员也很难保持训练水平。训练大纲包括对大量常规武器的投放（包括德国 MBB 公

上图：德国空军采用撒布式武器用于攻击机场和装甲车队，类似于英国皇家空军的 JP233。基本的撒布器（从侧面发射弹药）包含不同类型的子弹药，各自作用不同。

下图：在意大利，第一个意大利空军"狂风"战斗机单位是第 6 联队的第 154 中队，它的飞机机翼涂上了红色 V 形标志，进气口边缘和机翼印有红色魔鬼徽章。这一单位是意大利空军的"狂风"战斗机换装训练部队，训练来自科蒂斯莫尔三国"狂风"战斗机飞行员训练中心的飞行员。

司 MW-1 反装甲／反跑道弹药撒布器，以及休斯公司 AGM 65D "幼畜" 红外空地导弹）和美国拥有的双密钥 B61 核武器。第 154 中队一开始主要训练其他意大利 "狂风" 战斗机用户，自己暂时没有获得作战行动资格。

进入前线

随着换装训练和武器使用训练机构的成立，前线 "狂风" 战斗机部队的成立就可以着手进行了。1981 年年底，英国皇家空军成立前线 "狂风" 战斗机中队的各项工作基本完成，由空军作战指挥部的彼得·古丁中校领导。英国皇家空军的第一支 "狂风" 战斗机中队命名为第 9 中队，该中队当时曾装备过

下图：第二支英国皇家空军前线战斗机中队是著名的 "大坝袭击者" 第 617 中队，这架飞机机翼下携带 BOZ 箔条撒布器，机身下挂 "天空闪光" ECM 吊舱。

上图：一架第 9 中队的 "狂风" 战斗机从英国皇家空军汉宁顿基地的机库中驶出。中队的飞机一般都装有可伸缩空中加油导管，一开始机头下方没有安装激光测距仪。

已经淘汰的 "火神" 轰炸机，这种飞机到 1982 年 4 月 29 日才在英国皇家空军汉灵顿基地停止服役。第 9 中队的首架 GR1 "狂风" 战斗机（ZA586）于 1982 年 1 月 6 日交付给汉宁顿基地。即使是在今天，也很少有飞行中队在一天之内退役一种飞机，然后相同的人员直接转变为新式飞机的机组成员。有些 "火神" 轰炸机机组人员重新分配到了 "狂风" 战斗机单位，但这是一种巧合，而不是有意的安排。在中队建设还在进行的时候，同一个编号下存在两个中队是很正常的。

古丁的第 9 中队正式在 1982 年 6

月 1 日改组，接收来自汉宁顿武器换装训练中心的机组人员，为还在生产中的第二批次 13 架战斗机作准备。为了让"狂风"战斗机顺利进入现役，中队参加了很多试验。对可拆卸空中加油导管进行评估就是分配给第 9 中队在组建时完成的工作，因此其建设周期比一般要长。

1983 年 9 月 27 日，在一次夜间飞行中 ZA586/A 坠毁，中队首次损失了战机。飞行员在命令领航员弹射后自己没有逃出。最后发现是总体电气故障导致了这场事故，后来整个中队停飞检修，最后一批飞机进入现役是在 1983 年 10 月 6 日。

第二支英国皇家空军"狂风"战斗机中队也开始接过了之前"火神"轰炸机中队的编号。自 1943 年 5 月对三个鲁尔河谷大坝实施了著名的袭击后，"大坝袭击者"第 617 中队就一直有着光荣的历史，这也是唯一一支具有王室名称的英国皇家空军部队。第 617 中队在 1981 年年底淘汰了"火神"轰炸机，新的 617 中队在 1982 年 4 月 23 日英国皇家空军的诺福克·马厄姆接收了第一架"狂风"战斗机（ZA601）。中队在 1983 年 1 月 1 日改组，由托尼·哈里森中校领导，1983 年 5 月 16 日向北约宣布进入现役，这一天正好是该中队执行

下图：第 617 中队与第 27 中队同在马厄姆基地。飞机机翼下挂有油箱，这种油箱有 2 个而不是 4 个垂直尾翼，机身下有一个演习用子母弹箱，内含 4 颗小型的 12.7 千克演习弹。

那次最著名的任务 40 年之后。第三支英国"狂风"战斗机中队是第 27 中队，也是马厄姆"狂风"战斗机联队的第二支中队。新的中队（当时还没有命名）于 1982 年 6 月 29 在马厄姆接收第一架 GR1（ZA609）。原来的"火神"轰炸机中队于 1982 年 3 月解散，但之后一年中队的大象标志才开始使用。中队于 1983 年 8 月 12 日在约翰·克莱根中校的指挥下正式改组。

第 617 中队是首个参加著名的美国空军战略空军司令部"巨声"轰炸比赛（英国皇家空军以代号"牧场旋风"表示）的"狂风"战斗机中队，比赛于 1984 年秋天在南达科塔的埃尔斯华斯空军基地举行。第 617 中队派出两个小组，每组包含两名飞行员，面对美国战略空军司令部 B-52 和 FB-111 轰炸机的激烈

竞争。英国皇家空军的飞行员获得了"勒梅"奖的第一和第二名（奖给完成高、低空轰炸任务最出色的单个机组），各实现 98.7% 和 98.5% 的命中率。在"迈尔"奖中得到第一和第三名（奖给实现低空轰炸最大破坏程度的机组），分别达到 90.4% 和 83.1%。"马蒂斯"奖中得到第二名，奖给最全面的机组。

在上一年度马厄姆的兄弟中队获得成功的基础上，第 27 中队参加了 1985 年的"牧场旋风"行动。中队在 8 月底加拿大鹅湾进行了适应性训练后，从 10 月 1 日起在埃尔斯沃斯开展行动，摘取

下图：首个德国前线"狂风"战斗机部队是位于施勒斯维希－莱格尔海军航空兵的第 1 联队。图中是该部队的一架飞机在加力燃烧室的帮助下飞行。可以看见机翼下有两个 BOZ 吊舱，机身下有一个演习用子母弹箱。

"勒梅"奖（成绩为98.8%和98.4%）的第一和第二名（共42组，来自战略空军司令部和英国皇家空军），"迈尔"奖的第一和第二名（成绩为94.97%和90.75%），"马蒂斯"奖获得第二名（成绩为97.2%）。

第二个把"狂风"战斗机纳入现役部队的是德国海军航空兵。首架德国海军航空兵的"狂风"战斗机是43+27，1981年下半年加入德国空军位于曼兴的试验中心，开始海上武器装载和使用训练。中队的首架飞机是43+43，在1982年4月2日交付给前"星"式战斗机基地施勒斯维希-耶格尔，加入海军航空兵联队。德国海军航空兵第1联队由瓦尔德马·斯科尔茨上校领导，人员经过了三国"狂风"战斗机飞行员训练中心的训练，到1983年夏天，联队已经有足够的人员来操控现有的48架飞机。1984年1月1日，它的新指挥官克劳斯-于尔根·韦威策尔上校向北约正式宣布联队成立，第1联队于1984年7月20日实施了首次远程海外部署，两架战机从葡萄牙贝沙空军基地起飞，飞行1600千米抵达亚速尔群岛。1989年5月24日，联队完成了50000小时飞行，是第一个完成这个数量的"狂风"战斗机联队。

在德国空军仿效之前，英国皇家空军继续快速扩展其"狂风"战斗机部队。

在成立了三支英国本土"狂风"战斗机中队后，英国皇家空军驻德国部队也开始成立其8支"狂风"战斗机中队中的第一支，在布吕根和拉赫布里茨之间平分，取代"美洲虎"和"海盗"战斗机。其中替换过时的"海盗"战斗机对地攻击任务被列为首要目标。

第一支英国皇家空军驻德国"海盗"战斗机中队是第15中队，1983年7月5日在拉赫布里茨接收第一架"狂风"战斗机1（ZA411），其"海盗"S2B战斗机已于4天前停飞。巴里·戴夫中校从1983年7月1日起指挥第15中队。部队于1983年11月1日正式装备"狂风"战斗机，1984年7月1日宣布受欧洲最高盟军司令官（SACEUR）领导。虽然英国皇家空军第三批次的68架飞机中最

下图：第15中队的一架海盗S2引导一架GR1"狂风"战斗机。"狂风"战斗机的陆上远程攻击能力不如"海盗"，但生存能力更强。

初 11 架被分派给了位于汉宁顿的武器换装训练中心，还有一部分给了马厄姆中队，但增加后的第二批次中大多数（约 50 架）被用于重新装备拉赫布里茨联队。英国皇家空军的第三批次飞机最先交付时安装了机头下激光测距仪，并用新的马可尼 ARI 18241/2 雷达预警接收器代替了原来的 Elettronica ARI 18241/1 型。

第三批次剩下的飞机都用来装备拉赫布里茨联队。第 16 中队的首架"狂风"战斗机（ZA458）于 1983 年 12 月 13 日到达英国皇家空军的圣安森空军基地，1984 年 1 月 1 日第 16 中队正式成立。1984 年 2 月 29 日午夜，"海盗"战斗机从北约退役，立刻代之以"狂风"战斗机。在中队的飞行员中，罗德·萨尔让在 1985 年 5 月 6 日成为所有现役飞行员中驾驶"狂风"战斗机首先达到 1000 飞行小时的人。拉赫布里茨的第三支"狂风"战斗机中队是第 20 中队，该中队直到 1984 年 6 月 29 日才停止使用"美洲虎"战斗机。第 20 中队成立于 1984 年 4 月，其第一架飞机是 GR1（ZA461），该机提前几周就已经到达了圣安森空军基地。中队第一次飞行是在 1984 年 5 月 2 日，"美洲虎"退役后官方正式宣布"狂风"战斗机服役。

第 3 批次其余的 164 架飞机（1979 年 6 月协议）包括意大利空军的 28 架、

上图：拉赫布里茨的两个"海盗"战斗机中队是首批接收"狂风"战斗机的部队。第二支建立的是第 16 中队，在其第三批次的战斗机上涂上了著名的交叉钥匙徽章、圣徒符号和黑色加金色装饰。

德国空军的 36 架和德国海军航空兵的 32 架。这些飞机没有装备费兰蒂激光测距仪，因此突破了英国皇家空军第三批次飞机所受的空速限制。在这样的速度下，英国空军可取消"狂风"战斗机的进气口制动器，安装固定进气口。

下一支建立的"狂风"战斗机联队是首个德国空军的前线部队，位于讷尔沃尼希的第 31 战斗轰炸机联队。该联队在淘汰它的 F-104G 战斗机三个月后，于 1983 年 7 月 27 日获得了第一架"狂风"战斗机（43+93），6 天后开始换装训练。指挥官是塞尔·欧文霍夫上校，空军联队经过了近两年才完全形成战斗力，于 1985 年 4 月参与北约战备值勤。该联队是第一个装备德国 MBB 公司 MW-1 子母弹的部队（HZG-2 反坦克型，HZG-1 反跑道型三年后进入现役）。

对英国皇家空军来说，首要任务是替换老旧的"火神"轰炸机和"海盗"战斗机，建立强大的"狂风"战斗机部队。计划一旦开始实施，军方明显意识到简单把新旧"海盗"/"美洲虎"/"火神"轰炸机机组成员转换成"狂风"战斗机机组成员，并像早期型号那样使用，是不能完全发挥新型战机潜力的。虽然中队自己最终会开发出"狂风"战斗机的一些独特性能，但是很明显只有专门的单位（不需要进入前线部署）才能开发出有用的战术、技术和流程。英国皇家空军打击指挥部的中央试验战术机构因此极力推动建立"狂风"战斗机使用评估单位。这样就能进行大量试验并开发适合新型战机的相关战术。

4 架 GR1"狂风"战斗机（ZA376、ZA392、ZA393 和 ZA614）打上了这个单位的标志，于 1982 年 9—11 月间交付给马厄姆基地。在等待批准成立战斗机使用评估单位的时候，ZA393 被调往另外一个中队，后来由 ZA457 补充。约翰·拉姆斯顿中校在 1983 年 9 月 1 日最终成立了战斗机使用评估单位，地点在博斯库姆。单位成立后立刻进行了与 JP233 反跑道炸弹和激光制导炸弹投放以及与核打击有关的演练，准备成立第

下图：第 31 战斗轰炸机联队是德国空军的第一支前线"狂风"战斗机联队。以第一次世界大战王牌飞行员奥斯瓦尔德·伯尔克命名，该联队之前使用的是洛克希德 F-104"星"式战斗机，基地在讷尔沃尼希。

上图；最初攻击／打击作战评估部队的标志是以英国皇家空军的圆形为基础，一把红柄的白色宝剑从一个蓝色圆环中穿出。这一中队在开发战术、装备和武器方面做出了无数的贡献。

一个装备 WE177 轻型核炸弹的中队。

其他系统集成工作（包括夜视系统和电子对抗吊舱）也在进行之中。中队的重要性和价值很快就体现出来了，打击司令部批准"狂风"战斗机作战评估部队延长原来预计的两年计划，1987 年变成了攻击／打击作战评估部队。攻击／打击作战评估部队接手了"狂风"战斗

机作战评估部队的任务，并承担起了评估"旋风"和"美洲虎"的职责。

意大利在引进"狂风"战斗机中一直跟在其他国家后面，甚至没有采购第一批次的飞机，而且在第二和第三批次中也只采购了装备初始训练中队的飞机。原因之一是意大利空军不曾装备过任何高速喷气式后座战斗机，不仅要重新培训飞行员，而且要重新开始或者从运输机大队招募和训练新军官。因此，对前线部队的换装进展一直比较缓慢。虽然德国空军也用"狂风"战斗机替换单座的 F-104G，但是德国空军有来自 F-4"鬼怪"部队的后座飞行员，而这些人成为第一支"狂风"战斗机中队的主力。

第一支意大利空军的"狂风"战斗机中队是隶属第 36 联队的第 156 中队，基地在焦亚－德尔科莱。中队的飞行员和地勤人员在三国"狂风"战斗机飞行员训练中心和盖迪的第 154 中队训练，1984 年 5 月返回拉奎拉。中队的第一架飞机（MM7043）1984 年 6 月 18 日到达，指挥官是维坦托尼奥·加帕尼奥中校，该中队同年 8 月正式成立并开始执行任务。中队建立之初有 18 架战机，到 1990 年增加到 24 架，中队承担了常规轰炸和反舰的双重任务。和德国海军航空兵的飞机一样，反舰任务使用德国

MBB 公司"鸬鹚"反舰导弹。

随着德国和意大利"狂风"战斗机开始进入现役，英国皇家空军加快了引进最新高速喷气式战斗机的步伐。马厄姆和拉赫布里茨已经有了联队，汉宁顿有一支中队，下一个紧迫任务是装备第二支英国皇家空军驻德国联队。英国皇家空军的布吕根基地当时驻有一支下辖4 个中队的攻击 / 打击联队，配备"美洲虎"战斗机，"狂风"战斗机的加入可以扩大联队的作战范围和提高全天候能力。布吕根联队的首架"狂风"战斗机是 GR1 ZD712，1984 年 6 月 13 日到达圣安森空军基地，编入第 31 中队。指挥官是迪克·博格，新的第 31 中队直到 1984 年 9 月 1 日才正式成立，两个月后正式退役旧的"美洲虎"战斗机。下一个换装的布吕根中队是第 17 中队。1984 年 8 月 16 日，ZD742 从圣安森空军基地到达这里，第 17 中队在 1985 年1 月 6 日正式宣布成立，格兰特·麦克罗德任指挥官。2 月 28 日午夜，原装备第 17 中队的"美洲虎"战斗机退役，午夜 0 点过 1 分——严格来讲已是第二天，新的战斗机开始服役。有了两个作战中队后，布吕根的换装步伐逐渐慢了下来。

布吕根的"狂风"战斗机是英国皇家空军第四批次 GR1"狂风"战斗机的

上图：一架"夜骑士""旋风"T4 引导两架攻击 / 打击作战评估部队的"旋风"GR5 以及两架"狂风"战斗机。"狂风"战斗机完成了攻击 / 打击作战评估部队的大多数任务，但是GR1 系列包括了"夜狐""狂风"战斗机（类似 GR4）、"旋风"GR7 和"美洲虎"。

前 53 架，装备新式的 Mk103 发动机（后来改型后也装备了拉赫布里茨联队的飞机），也许还是首批可投送核武器的战斗机。可以肯定的是，第一架英国皇家空军可携带 WE177B 核武器的"狂风"战斗机是在 1981 年装备武器的，当时第四批次的飞机刚进入现役。第四批次其余的飞机（1981 年 8 月 5 日签署合同，总计 161 架）包括英国皇家空军的 18架防空截击型（ADV）、意大利空军的27 架和德国空军的 64 架。

在英国皇家空军布吕根联队持续进行换装的同时，德国和意大利联队也在换装新式飞机。下一个换装的是德国第

32战斗轰炸机联队,第一架飞机(44+36)于1984年7月27日抵达勒希菲尔德。1985年8月1日,联队加入北约服役。与其他德国空军"狂风"战斗机中队不同,第32战斗轰炸机联队没有承担核打击任务,1994年接收电子对抗与侦察型(ECR)"狂风"战斗机后执行敌方防空压制任务。在本书后面还要介绍电子对抗与侦察型(ECR)。

在伊斯特拉纳基地的155中队隶属第51联队,是第三个淘汰F-104S ASA战斗机同时换装"狂风"战斗机的意大利空军中队。换装从1984年秋开始(在位于盖迪的第154中队的指导下)。1985年1月1日起,中队重新归属盖迪的第6联队,第155中队结束任务。第155中队一直是第6联队的一部分,直到1989年12月1日第50联队在皮亚琴察重组。然后155中队开始准备转换

到新的联队,1990年春末"狂风"战斗机离开。中队一开始装备德国MBB公司-意大利阿里塔利亚公司战术侦察吊舱执行侦察飞行任务,在1994年4月1日又承担了防御压制任务,年底承担AGM-88A高速反辐射导弹的发射任务。英国皇家空军驻德国的第六支"狂风"战斗机中队是第14中队,其第一架飞机(ZD842)于1985年4月11日抵达布吕根。第14中队7月1日正式成立,指挥官是乔·怀特菲尔德。该中队于1985年11月1日终于将最后一架英国皇家空军驻德国中队的"美洲虎"攻击机替换成了"狂风"战斗机。1986年10月1日,第9中队从汉宁顿转移到布吕根,联队最终拥有4个中队。尽管使用相同的数字番号,布吕根的第9中队基本上是一个新的单位,装备第四批次的新式飞机。其中第一架(ZD809)在1985年12月初来到布吕根,也是第一架涂装中队标志(代号AA)飞行的战机,那一天是1985年12月19日。1986

左图:意大利的第一个前线作战"狂风"战斗机中队是第36联队的第156中队,在第154中队的协助下完成换装。后来,联队又成立了第二支中队,装备F3"狂风"战斗机。

上图：配属布吕根联队的第一支"狂风"战斗机中队是第 31 中队，之前装备的是"美洲虎"战斗机。上图 2 架战机（每架挂载 4 枚 454 千克的炸弹）还带着旧式的四翼燃料箱。

年，中队成为获得"萨尔蒙德"奖的"狂风"战斗机部队，这个奖每年评选一次，颁发给联合轰炸和导航精度最好的英国皇家空军驻德国中队。英国皇家空军驻德国部队的"狂风"战斗机攻击力量比较完整，有一个中队［第 II（陆军协调）中队］把"美洲虎"替换成了可以侦察和打击的"狂风"战斗机。专门用于侦察的"美洲虎"GR1 继续在第 II 中队服役，直到 1988 年 12 月 16 日退役，这比原计划用具有侦察功能的"狂风"战斗机代替"美洲虎"推迟了两年。

德国空军成立的下一支联队是比歇尔基地的第 33 战斗轰炸机联队，这是另外一支曾装备"星"式战斗机的部队，1985 年 2 月 9 日正式接收第一架新

式战斗机（44+86）。该联队由布罗奇上校领导，1986 年 5 月承担了核打击任务，1988 年又新增了传统攻击任务。第 33 战斗轰炸机联队是接收第五批次战斗机的首个德国空军部队。这些飞机装备了 MIL STD 155311 数字数据总线，一种新的 128k Litef Spirit III 电脑以及一台综合电子对抗发射机、雷达干扰撒布器和雷达预警接收器。导弹控制仪器使用了 ADA 软件，与德国和意大利飞机都具有兼容性，但这种软件除了交付给德国海军航空兵第五批次的对地攻击型战斗机外都没有启用。第五批次的 171 架"狂风"战斗机订单于 1982 年 8 月 19 日签

下图：第 17 中队是一支历史悠久的英国皇家空军驻德国中队，在换装"狂风"战斗机之前使用的是"堪培拉"和"鬼怪"战斗机。英国皇家空军驻德国中队的主要任务是攻击，装备了 WE177B 核炸弹和多种常规武器。

署，包含英国皇家空军的 20 架对地攻击型和 52 架防空截击型战斗机，意大利空军的 29 架（最后一批订单），德国空军的 31 架和德国海军航空兵的 39 架。1985 年与沙特阿拉伯签订出口订单后，英国皇家空军失去了这一批次中的 18 架对地攻击型战斗机，剩下的 2 架被改装为 GR1A 侦察机。2 架德国飞机也被转给了沙特阿拉伯的订单，造成的不足由第七批次生产的飞机来补充。这样在第五批次中共生产了 173 架飞机。

德国海军在埃格贝克完成了"狂风"战斗机换装。联队在 1986 年 9 月 11 日接收了"狂风"战斗机 45+12 和 45+13，由此拉开了 F-104G 在西德军队退役的序幕。与其他联队类似，德国海军航空兵第 2 联队将拥有 5 架双座战斗机和 43 架标准对地攻击型战斗机；第 1 中队在它的飞机上加装了联合可见光和红外战术侦察吊舱，这种吊舱由德国 MBB 公司和意大利阿里塔利亚公司联合研制。利用这一装备，中队每天执行"东方快车"出击任务，监控波罗的海的航运情况。和所有海军航空兵第 1 联队的战机一样，第 2 联队的战机使用德国 MBB 公司（现在德国航空航天股份公司）的"鸬鹚"反舰导弹、自由降落普通炸弹和 BL755 集束炸弹组。其所属中队的有些飞机能够发射 AGM-88A 高速反辐

上图：英国皇家空军驻德国中队的"狂风"战斗机机翼涂有由两个字母组成的代码，第一个字母指示其所属中队。这架飞机的机翼上有蓝色菱形，侧翼上有保护罩，属于第 14 中队。该中队是布吕根联队中最后一支淘汰"美洲虎"换装"狂风"战斗机的中队。

射导弹，这种武器主要用于摧毁敌方舰载和岸基雷达。1993 年第 1 联队解散后，第三支中队成立，负责换装训练以及试验和评估工作。几天之内，联队便有了 52 架战机，在北约属于最大的"狂风"战斗机联队，每年可以飞行 10000 小时。

德国空军的第 34 战斗轰炸机联队位于梅明根，由奥伯斯特·斯特里指挥，1987 年 10 月 23 日接收"狂风"战斗机 45+61，1989 年宣布参加北约行动。从 1996 年 1 月 1 日起，德国第 34 战斗轰炸机联队成为北约快速反应部队的一部分。该联队的飞机是第六批次生产的，该批次共 155 架飞机（1984 年 1 月 5 日

签署合同），最初包括英国皇家空军的92 架防空截击型和德国空军的 63 架对地攻击型。由于沙特阿拉伯订单的影响，以上数量有所更改，英国皇家空军减少了 24 架防空截击型，德国也减少了第六批次的 24 架飞机。

为原来用户制造的最后一批纯对地攻击型战斗机有 14 架，属于第七批次的一部分，交付给了英国皇家空军的多支部队。这一批次中大多数是 GRlA 和 ECR 或者是出口到沙特的飞机，后面还将单独介绍。

第四支也是最后一支意大利 IDS "狂风" 战斗机中队是第 102 中队，1992 年秋天在盖迪代替了第 6 联队的第155 中队。新中队于 1993 年 8 月接收了第一架 "狂风" 战斗机，共列装 19 架战斗机，一开始都是执行传统的轰炸任务，军方计划在今后主要将从事侦察任务，使用洛克希德·马丁公司先进的战术空中侦察系统（ATARS），但这一计划最终没有实施。

20 世纪 90 年代的改变

"狂风" 战斗机是为了应英国、德国和意大利在冷战中的防御需求而研制的。随着冷战的终止，几乎没有政治家勇敢或者诚实地指出世界安全形势实际

上图：第 9 中队从英国皇家空军汉宁顿换装后，布吕根联队的换装完成。中队的一架飞机在布吕根机库中准备出发。

上是恶化了——不稳定性增多、面临的威胁增加、越发不能依靠核威慑来保持平衡。愤世嫉俗的政治家们为了迎合公众对 "和平红利" 的期望，开始大幅削减国防开支，用省下来的钱减税并增加社会工程的投入。当时一项更务实的政策是加大了对传统力量建设的投入，尤其是能够在海外快速部署的部队。但是，

这样的务实并没有带来人们期望的结果，所有"狂风"战斗机项目的合作国在冷战后国防开支都受到大幅削减，"狂风"战斗机也不可能不受影响。

然而就在计划削减开支的时候，英国皇家空军的"狂风"战斗机部队突然发现自己要参加战斗了，因为萨达姆·侯赛因入侵科威特，国际社会要对其采取军事行动。在行动中，"狂风"战斗机扮演了重要角色。尽管"狂风"战斗机（尤其是英国皇家空军驻德国部队的"狂风"战斗机中队）在海湾战争中取得骄人战绩，但是官方还是决定撤销拉赫布里茨"狂风"战斗机联队。根据英国国防部改革计划的部署，在拉赫布里茨的三个歼击机中队被遣散。1991年9月11日，

下图：德国海军航空兵的第二支"狂风"战斗机联队是第2联队，基地设在埃格贝克。在很短的时间里，海军飞机重新喷涂上了这种单调但实用的三色伪装。

首先取消的是第 16 中队，1992 年 1 月 31 日取消了第 15 中队。肩负侦察任务的第 2（现役）中队 1991 年 12 月返回英国，1992 年 5 月第 20 中队遣散。至此，拉赫布里茨的"狂风"战斗机部队全部撤销。英国皇家空军有意要保留具有历史意义的中队的身份，因此三个中队的番号得到了保留，但最终只成为今天人们所知道的换装训练部队——属于二线训练部队。第 15 中队甚至又一次装备了"狂风"战斗机，当时汉宁顿的武器换装训练中心停止使用这一名称，第 45

下图：虽然德国"狂风"战斗机一开始涂装的是北约的深绿和灰色涂装，与意大利飞机相似，但是后来又重新喷涂成绿色蜥蜴图案，见图中这两架第 32 战斗轰炸机联队的"狂风"战斗机。

中队的影子身份在 1992 年 4 月 1 日变成了第 15（预备）中队，但是其作用没有改变。汉宁顿转变成预备身份后，第 15 中队（预备）于 1993 年 11 月重新部署到露西茅斯。

1993 年 3 月 31 日英国皇家空军驻德国部队被解散，其"狂风"战斗机突击部队被缩减为原来的一半，英国皇家空军驻德国部队司令部被位于瑞因达赫伦（Rheindahlen）联合总部的大队指挥部（第 2 大队）替换。1996 年 3 月 8 日，第 2 大队自己也被裁撤，这预示着还有进一步的缩减，最后英国军队完全从德国撤出。德国剩下的 4 个"狂风"战斗机中队转到了第 1 大队的管辖下，总部设在海韦甘比。目前的计划（根据1998 年《战略防御评估》，以后肯定还

要修改）是到1998年年底把在德国的英国皇家空军"狂风"战斗机部队缩减为两个中队，另两个中队返回英国（可能部署到英国皇家空军斯坎普顿基地）。剩下的两个中队（也许是装备了激光测距仪的第9和第31中队）可能与德国空军电子对抗与侦察（ECR）部队结合，组成联合敌方防空压制部队。

一开始准备替换"海盗"战斗机海上攻击任务的计划在20世纪80年代初被取消，这是为了多增加两个陆上"狂风"战斗机现役中队。但是，随着冷战的结束，军方认为这些部队已没有存在的必要。没有裁撤的两个国内"狂风"战斗机攻击中队（第27和第617中队）被重新赋予了海上攻击任务，替换最后的两支"海盗"战斗机部队。第27中队在1993年9月30日正式撤销，此前6天其身份给了在俄迪汉姆的第240换装训练部队，编为第27中队（预备）。

该"狂风"战斗机中队自己没有裁减，而是从1993年10月1日起使用了第12中队的番号，中队在露西茅斯停止了"海盗"战斗机的有关行动。GR1B"狂风"战斗机和英国宇航公司"海鹰"战斗机一样，准备进入前线服役。然而，第12中队准备于1993年年底撤出马厄姆，1994年1月7日重新部署到露西茅斯。同年第617中队也来到这里，替换了装备"海盗"战斗机的第208中队。这样英国皇家空军"狂风"战斗机攻击中队从9个减少为4个，还有两个"海盗"海上攻击中队装备了这种新的战斗机。GR1B将在以后几章里介绍。

在德国，冷战后的国防开支削减导致第八批次为第37战斗轰炸机联队换装"狂风"战斗机的计划被取消，该批次的生产也因此被取消。其他德国空军部队也在缩编，有些剩余的飞机被闲置起来，而其他一些被派往美国的新训练基地。但是，只有一个德国"狂风"战斗机部队被真正撤销，1991年7月政府宣布德国海军航空兵第1联队被撤编。由于需要从总体上减少德国空军的飞机数量，因此军方决定用"狂风"战斗机来替换执行侦察任务的RF-4E型飞机。第1联队于1993年12月31日解散，但所有飞机由1994年1月1日重组的第51侦察机联队接收，第二支中队，即第512中队，于1994年8月29日成立。原来布雷姆加藤的第51侦察机联队于1993年3月解散，但是里克的第52侦察机联队保留了RF-4型飞机更长的时间，并转移到耶格尔并重新命名为第51侦察机联队。作为德国空军唯一一支战术侦察机联队，第51侦察机联队保留了第52侦察机联队的豹头徽章，把两个"鬼怪"侦察机联队的传统进行了结合。新的第 51 侦察机联队于 1992 年 7 月 1 日在施勒斯维希／耶格尔成立，洛克哈德·索瓦达中校任指挥官。

冷战的结束不仅改变了"狂风"战斗机的生产合同，也从根本上改变了其任务。其在北约前线执行低空打击任务的重要性已不那么明显，而战区外中空精确制导弹药／激光制导炸弹打击成为重点。自冷战结束后，"狂风"战斗机的三个最初用户都参与了国际维和行动——这些将在后面介绍。具有讽刺意味的是，冷战后的国防开支缩减意味着至少英国皇家空军不能再实施像"沙漠风暴"行动那样大规模地作战，当初参加这次行动的中队已经有 3 个被撤销。冷战中的"攻击"一词（攻击"strike"是用于区别核武器打击"attack"的常规打击任务的术语）几乎消失，这反映在英国本来决定 WE177B 核炸弹到 2005 年服役期满后不再替换，后来在 1998 年就提前将其退役。

WE177B 于 1998 年 3 月 31 日即星期二被宣布退役（没有仪式或者其他活动），英国皇家空军的"狂风"战斗机至此不再肩负核打击任务。最后剩下的武器（保存在英国皇家空军汉宁顿和马厄姆基地）也在逐渐退役。在撤退前两天发生了

一起意外事件，《星期日电讯报》登载了一则关于这种武器的故事，还包括第 12 中队的 FK 搭载这种神秘武器的彩色照片。

在 WE177 服役的时候，"狂风"战斗机的核打击作用就从来没有详细报道过，但从那次事件开始有些细节开始曝光。这种核炸弹有两种型号，"狂风"战斗机所装备的是 WE177B 和 WE177C。炸弹主体由汉庭制造，弹头

下图：第 12 中队的"狂风"战斗机现在主要是 GR1B，兼容"海鹰"ASM 导弹，但还是保留了大量的常规攻击任务。在中队成立后的一段时间里，兼容"海鹰"导弹的飞机还很少见。

由伯格菲尔德的皇家兵工厂制造，一般被称为 Bomb A/C HE 950-lb MC，这种称呼成功掩盖了其核弹的本质。英国本土的"狂风"战斗机从"火神"轰炸机部队那里接管了 WE177B，英国皇家空军驻德国"狂风"战斗机中队从装备"美洲虎"的第 14、17、20 和 31 中队那里接收了 WE177C。

据信，WE177 的数量从 250 枚降低到了 100 枚，这些武器储存在高度安全的炸弹仓库内，外部还有加固的防空掩体。武器安装训练（以及有些飞行训练）

上图：虽然海湾战争后第 15 中队被撤销，中队的番号在武器换装训练中心得到保留，变成了第 15（预备）中队。这架飞机代号 F，涂有"麦克罗伯特的回应"（MacRobert's Reply）的徽章和名称。

使用有相同重量的哑弹，这种弹装备了实弹的四个尾减速伞、压缩空气储存器和控制器。WE177 最后一次装弹是在 1996 年 12 月 17 日马厄姆基地（由第 13 中队的 ZG726 装载），两支 GR1A 侦察航空中队是最后肩负有核打击任务的部队。

防空截击型（ADV）"狂风"战斗机

防空截击型（ADV）"狂风"战斗机是为了满足冷战时期英国皇家空军对远程战斗机的需求而设计的。这种战机原来设计为主力攻击轰炸机，用以应对苏联远程轰炸机（包括图-95"熊"式和图-26"逆火"式）攻击英国目标或者通过英国空域时造成的威胁。英国的防空部门肩负着保护北约最重要资产的

上图：第一架 ADV 原型机从沃尔顿起飞，涂装的是灰色和黑色图案。装备了普通雷达预警接收器机翼整流罩，在飞行测试前安装了前视测试照相机。

上图：首架 ADV 原型机，搭载测试摄像机吊舱和一个真实的"天空闪光"导弹。机身主要部位涂上了照相机校准标志。

使命。英国的领空已经连续几年受到苏联飞机的侦察，这种情况让人注意到各个机场的"闪电"和"鬼怪"战斗机常备快速反应预警（QRA）的响应时间和拦截距离已无法满足需求。

由于苏联远程轰炸机依赖自由落体式炸弹，或者其导弹的速度比较慢，而且数量有限，"闪电"和"鬼怪"战斗机还可以应付。即使是射程更长、速度更快的武器，如 AS-4 型导弹"Kitchen"也能够被拦截，因为它们相对比较笨拙，航线可以预测而且每架轰炸机只能搭载一枚或者最多两枚导弹。

但就像西方轰炸机开始部署射程更长、速度更高、能够做出难度更大的低空机动动作的导弹那样，苏联也部署了 AS-6"王鱼"（Kingfish）导弹，速度为马赫数 3，射程 560 千米，采用掠海飞行末端制导。情报显示新一代更小型的 ALCM 也在部署，而且"熊"式、"逆火"和新式轰炸机一次就可以带弹数枚。

一旦发现危险开始改变，而且更难对付，英国防空部门便开始被历届英国政府放在首要发展的地位。开发"狂风"战斗机的远程型号只是建立现代综合防空网络的一部分，但其被称为是最重要的因素，而且能够缩小旧的英国防空系统与复杂的综合英国防空总体环境（IUKADGE）之间的差距。后者运用了新式的移动雷达，具有空 - 空和空 - 地数据链路，而且对英国皇家空军的加油机和空中预警机都进行了大量的现代化改进。

出于各种原因，新的防空系统很多计划的能力现在才实现，当第一架 ADV "狂风"战斗机进入现役时，它们与老旧的"沙克尔顿"一起服役，指挥系统也使用的是过时的雷达和通信设备。例如，以波音 E-3D "哨兵"为基础制造的空中预警机花了几十年才开始部署。20 世纪 60 年代末设计的防空网络花了很多年才逐渐完善，而更宏伟的计划在进入 21 世纪的时候才实现。在这样的背景下，"狂风"战斗机 F3 似乎是一个巨大的成功。

英国国防部 1971 年制定的《空军参谋部目标 395》中提出了研制新式远程拦截战斗机。很快人们发现最节约成本的方法是把新的帕纳维亚多用途战斗

机改进成另外一种专用型号，而当开始设计对地攻击型（ISD）时英国就有了这样的想法。但是出于多种原因（主要是政治的）英国国防部不能仅仅说自己需要这种飞机的战斗机版本就下订单。政治上英国已经影响了"狂风"轰炸机的设计，满足了自己的要求（导致了比利时、加拿大和荷兰的退出），英国希望使多用途战斗机成为开发战斗机版本的最佳蓝本，但又不太显露自己的意图。英国政府想继续占领道德的高地，让飞机的形状、大小、重量和机构都看起来像是其他合作伙伴提出的要求，同时又不想让其他合作者认为飞机只是满足了英国自己的标准。

但是对防空截击型的需求让英国提出速度达到马赫数 2，以及增大内部燃料箱容量。防空截击型的设计基础让它不可能成为类似美国"F10X 系列"那样轻型灵活的战斗机，尽管其大小比较紧凑，飞机重量也超过了战时的四发动机侦察机或者 B-17 "空中堡垒"。但这也不一定就是件坏事，因为 ADV "狂风"战斗机不是为了在空中对抗中做近距离空中机动动作而设计的。

相反，"狂风"战斗机主要用来进

左图：第二架 ADV 原型机已经做了大量试验，很多是在博斯坎普城进行的。图中飞机有 4 个与对地攻击型相同的小油箱。

上图：第二架 ADV 原型机从机身后部的挂点上发射一枚"天空闪光"测试导弹。弗拉策－纳什发射器由几对两段引信撞击装置组成，可以在导弹发动机点火之前让其脱离飞机。

行战斗空中巡逻，能够离开基地 650 千米远处，在最大射程使用各种传感器发现、跟踪和截获目标，向多个高空或低空目标发射导弹，可在各种气象条件下全天候执行任务。

事实上，把 ADV "狂风"战斗机看作超视距轰炸机终结者是有些过于简单了。装载弹药后，ADV "狂风"战斗机可能不像 F-15 那么灵活，但事实上其剪式机动可以超过"猎人"，加速方面超过"闪电"，而转弯、爬升和飞行距离方面则超过"鬼怪"。不过，"狂风"战斗机同时锁定多个目标的设计也是一种异想。由于使用的是半主动雷达自导引的"天空闪光"导弹，"狂风"战斗机永远不可能同时锁定两个以上目标。而且在导弹飞行过程中要一直跟踪照射

目标，这就意味着两个目标都必须在"狂风"战斗机机头前方狭窄的区域内。但是尽管有这些局限，防空截击型的概念本身很好，飞机也最终发展成为优秀的远程战斗机。

英国宇航公司拥有对防空截击型的单独设计权（其他两个合作国都表示不需要这样的战机），于是开始着手把对地攻击型改变为防空截击型。设计的最终结果是两种飞机的机身有 80% 是一致的。

基本的改动包括机翼翼盒前方的机身截面加大，可以使防空截击型在机身下挂载 4 枚空－空导弹。但是，设计一开始采用的是高牵引的翼下导弹挂架，以避免机身延长。最后，10% 的燃料容量增幅和更低的牵引让设计者还是延长了机身。超过对地攻击型机身长度使

下图：更加强大的 Mk 104 发动机在第二架 ADV 原型机上试验，更长的加力燃烧室让后机身以及方向舵下面的整流罩都进行了重大调整。

得马可尼公司为防空截击型设计的 AI-24 "猎狐者"雷达的天线整流罩加长。

选择 ADV "狂风"战斗机来满足《空军参谋部目标 395》计划时并非没有考虑过其他选择,英国皇家空军考察过 F-14、F-15 和 F-16。F-16 很明显不适合英国皇家空军的任务,但是双座型的 F-15 可能会有些帮助,尤其是美国空军有可能购买 "狂风"战斗机来满足其对战术战斗机的高要求。由于防空截击型的研发推迟,使得采购 F-15 有很多机会,但是英国感觉这种飞机反电子干扰设备不理想、雷达能力有限,而且其标准型是单座,于是 F-15 被否决。F-14 标准型的武器是 AIM-54 和 AWG-9,过于昂贵,而不要这些武器系统又无法改善英国皇家空军 F-4 战斗机的战斗力。从可靠性和可维护性的角度出发,使用 TF 30 发动机的 F-14 也被否决。

英国皇家空军对 "狂风"战斗机的采购数量最初是 385 架,其中 165 架为防空截击型。对这种型号的任何取消都会对项目造成重大影响,包括降低英国的工作份额,提升单价,也许还可能威胁到德国对项目的承诺,等等。1976 年

下图:第三架 ADV 原型机首先喷涂的是以灰色为主的彩色设计,与现役飞机相同。这里飞机展示了飞机独特的反推力装置造成的色斑。

上图：英国皇家空军的第一架 F2 交付时不带雷达，只用于换装训练。第 229 换装训练中队在飞机机头喷涂了红色和黄色箭头，垂直尾翼上有交叉的火炬和剑。

3 月 4 日起，英国开始对防空截击型进行全力研发。1977 年 3 月 11 日，开始制造 2 架原型机。

3 架 ADV 原型机最后加入第一批次的生产中。第一架（ZA254/AA001）于 1979 年 10 月 27 日飞离沃尔顿，飞行员是大卫·伊格斯，领航员是罗伊·肯沃德。伊格斯首次飞行就把飞机加速到了马赫数 1，给以后的飞行测试打下了良好基础。第二架（ZA267/AB001）是系统和武器试验机，于 1980 年 7 月 18 日首飞。1980 年 11 月 18 日第三架（ZA283/AC 001）首飞。第三架防空截击型是雷达开发试验平台，因马可尼公司遇到技术问题，第一台 AI24"猎狐者"雷达

1981 年 6 月 17 日才装上飞机。

在项目的最初几个月，首架飞机就获得了骄人的统计数据。之后不到一年，ZA254 实现在 610 米低空达到 800 节的表速，使 ADV"狂风"战斗机成为世界上低空飞行时速度最快的飞机。ADV"狂风"战斗机的燃料箱容量也同样让人瞩目，这主要是因为飞机需要

下图：第一架 F3，做了大量改进，但外形唯一改变的地方是安装了新式发动机。图为首架 F3 在沃尔顿机场滑行。

足够的巡航能力，才能在敌机发射空 -
地导弹或者巡航导弹之前将其拦截。
ZA254 在一次模拟的空中战斗巡逻中实
现了在 604 千米半径范围内海上巡逻时
长 2 小时 20 分钟。这表明飞机的载油
量和有效燃料消耗惊人。

当时飞机只挂载了两个 1500 升的
副油箱而不是标准的 2250 升油箱。

从 F2 到 F3

18 架防空截击型战机在英国皇家空
军现役部队中被称为 F2 "狂风"战斗机，
这些飞机于 1981 年 8 月 5 日签订订单，
属于第四批次生产。尽管雷达厂商做了
大量工作，"猎狐者"雷达还是拖延了
防空截击型的服役时间，很多飞机一开
始都使用压舱物（被称为"蓝色圆环"，
这是一家水泥公司的名称，因为它很像
通常的雷达代号，比如"绿色斑点"、
"橙色球棒"等）而不是雷达。ZA283
在 1983 年早春接收"猎狐者"雷达，
试验开始加强。其中遇到的问题包括对
干扰的敏感性不高，以及跟踪扫描方式
性能不够，达不到原定标准。让情况更
复杂的是，有人指控作战需求部擅自改
变方向，在空军参谋部目标里"东加西
加"。这意味着马可尼公司（与费兰蒂
公司合作）对一个问题刚有了解决方案，

上图：交付给第 229 换装训练部队的首架 F3
带有与 F2 相同的涂装。

标准可能又会改变，从而又产生新的问
题。不过雷达开发应该比较容易，因为
"猎狐者"是在现有经过多年试验的雷
达基础上改进的，并没有使用最先进的
脉冲式多普勒战斗机雷达。

F2 的首次飞行（ZD900，双座控制，
所订 18 架中的第 2 架）是在 1984 年 3

下图：第 65 中队的标志与众不同，很快就用
到了 F3 上，有时候替代了机头的红色和黄色 V
形标志，有时候又涂在了机翼顶端。

上图：第 229 换装训练部队庆祝影子中队成立 75 周年，飞机涂上了第 65 中队的标志，头部标志扩大，换装训练部队的尾翼徽章被第 65 中队的狮型徽章替代。

左图：最色彩鲜艳的"狂风"战斗机恐怕是第 229 换装训练单位的 1990 展示飞机，尾翼有糖果状条纹，进气口边缘、背脊和座舱盖边缘为红色，机身下有 V 形图案。

大多数 F2 在交付时机头都是铅压舱物，直到 1985 年"猎狐者"雷达研制成功——当时已落后于预定计划 4 年，而且超过预算 60%。F2 也缺乏 F3 上的一些标准装备，例如没有二次惯性制导系统（由于防空截击型的雷达没有地形测绘功能，这一系统就是必需的）；没有自动翼展／机动装置系统（AWS/MDS），这种系统可以利用机翼升力装置，并可通过空中资料电脑自动改变翼展角度；以及缺乏旋转防止和下落方式限制系统（SPIES），这种系统可以帮助飞行员

月 5 日进行。1984 年 4 月 12 日 ZD899 首飞，二者都来到了博斯坎普城的飞机与武器装备研究局（A&AEE），并获得（飞机）进入现役许可。后来证明 F2 是一种过渡飞机，但足够让教官和一批前线飞行员开展训练。英国皇家空军的

做难度较大的机动动作时保持飞机的飞行状态范围；不能同时挂载 4 枚 AIM-9 "响尾蛇"空－空导弹。

其他一些为 ADV "狂风"战斗机设计的要素被悄悄地放弃了，包括用于远程目视识别的光电可操纵视觉增强系统、头盔观测系统和发射后不管的主动雷达自导引"天空闪光"2 型导弹。这些系统的消失使飞机的能力大为降低，但并没有引起人们的注意。

A&AEE 发放了进入现役许可后，英国皇家空军科宁斯比基地的 F2 "狂风"战斗机换装训练部队于 1984 年 11 月 1 日成立，指挥官为里克·皮科克－爱德华，4 天后接收了 ZD901 和 ZD903（各自代号分别为 AA 和 AB）。驾驶第一架飞机的是达弗·伊格斯（英国宇航公司军用航空部门飞行行动执行主管）和空军少将肯·海耶（第 11 大队指挥官），驾驶第二架飞机的是沃尔顿的首席试飞员杰里·李和里克·皮科克－爱德华。1985 年 2 月 4 日初期教官队伍在沃尔顿开始了他们的现役教官机组人员训练。

右图：证明 F3 "狂风"战斗机低速敏捷性的是一架第 229 换装训练部队的飞机同一架大不列颠战役纪念飞行表演队的"喷火式"战斗机合作飞行表演。F3 的涂装经过了重新设计，红色 V 形（所有指向前方）排列在白色箭头内部，代替了白色长条。机翼顶端的红色和黄色 V 形很少见。

其人员在接下来的 15 个月里将培训更多的学员，然后才开始换装训练课程。换装训练部队 16 架飞机中的最后一架于 1985 年 10 月 21 日抵达（ZD905，之前是 A&AEE 的试验机），在同一天，机组人员驾驶 F2 "狂风"战斗机进行了首次防空演习，即为期 3 天的"修道院 85-2"演习。

同时在沃尔顿，F3 研发接近完成。新型飞机距离完全意义上的防空截击型只差一步，而且加入了 F2 中没有的系

上图：驾驶"鬼怪"战斗机的第56中队解散后，它的番号牌给了第229换装训练部队，成为第56（预备）中队。这里是两架老的第56中队的F-4与新中队（预备）的"狂风"战斗机编队。

统（一套二次惯性导航系统，自动机动装置系统，4枚AIM-9空－空导弹）以及升级版的128k Litef Spirit Ⅲ主控计算机以及更加强大、更省燃料的RB 199 Mk 104涡轮风扇发动机（从1983年4月起在ZA267/AC001上试验）。这种发动机的加力燃烧室段增加了35.6厘米，有一个卢卡斯航空公司/劳斯莱斯DECU 500完全授权的数字发动机操纵单元。第一架生产型飞机是ZE154，于1985年11月20日首飞，1985年12月24日来到博斯坎普城A&AEE进行测试。

第二和第三架生产型F3留在生产线上进行系统集成，第四架飞机（ZE157）1986年1月14日首飞，并与第一架飞机一起加入了C（A）交付计划。同年7

月A&AEE提出了建议，ZE159于1986年7月28日直接从沃尔顿飞到科宁斯比，成为首架进入现役的F3。交货的速度在加快，尽管此时所有的F2已经安装了"猎狐者"雷达（但性能仍然达不到要求），这种飞机1986年12月起开始从英国皇家空军圣安森空军基地撤离，变为库存。1988年1月，最后一架F2从第229换装训练中心撤离。有人建议把飞机升级为之后接近F3标准的F2A（已经升级过RB 199 Mk 104发动机的除外），但是由于第23中队的解散、阿曼飞机的服役以及低损耗，不再需要做这样的改进。

第229换装训练部队的22名机组

下图：第56（预备）中队的飞行表演，飞机彩色涂装，与中队"火鸟"飞行表演队有着红色尾翼和脊背的"闪电"战斗机相呼应。

上图：第 29 中队 4 架 F3 "狂风" 战斗机中的 2 架执行 "金色鹰" 行动，1987 年 8 月到 9 月飞抵远东、大洋洲和北美洲。

教官（加上 15 名地面学校的人员）于 1986 年秋天抵达。当第 29 中队的人员到达后，第一次换装训练课程于 1986 年 12 月 1 日开始。今后的 F3 机组人员要么参加换装训练部队的长期课程（针对从头开始的和没有防空经验的人员），要么参加为之前 "空中截击机" 制定的中队换装训练课程（SCC）。长期课程为期 5 个月，提供近 65 小时的空中飞行训练。中队换装训练课程一开始分为两个阶段。第一阶段三个月稍多一点（35 个飞行小时）；第二阶段两个月，含 25 个飞行小时。随着新中队的建立，第二阶段就包含在中队的建设过程之中了。换装训练部队也提供合格武器教官（QWI）和仪表飞行等级审查员（IRE）课程，以及参谋军官介绍课程，但后者只有地面训练。要解决防空截击型延期

进入现役的问题，换装训练部队于 1987 年 1 月 1 日宣布下属北约大西洋盟军最高司令部成立一支紧急防空部队。结果，这支部队获得了第 65 中队的 "影子身份"，其标志已经涂在了 F3 的机头上。

随着 "狂风" 战斗机作战评估部队建设的步伐，打击指挥部成立了 F3 "狂风" 战斗机作战评估中心为新式飞机制定战术、条令和技术规程。麦·克里夫中校领导的 F3 作战评估中心于 1987 年 4 月 1 日在科宁斯比成立——这个地方已经变成了 "狂风" 战斗机镇。有 4 架飞机（ZE210、ZE251、ZE252 和 ZE253），均为 1987 年 12 月 2 日到 3 月 25 日之间交付。由于生产标准改进（尤

其是雷达），单位的飞机流转速度加快。今天，F3 作战评估部队一般情况下任何时候都有 4 架战机，有需要时可从前线或者其他试验机构借用飞机。

作战准备

随着麦道飞机公司 FGR2 "鬼怪" 于 1987 年 3 月 30 日退役，第 29 中队成为第一个真正的前线 F3 "狂风" 战斗机部队。该中队于 1987 年 4 月 1 日非正式成立，指挥官是劳埃德·杜伯里中校，新中队的防空机组人员属于新老搭配。新进人员要学习换装训练部队的长期课程（6 个月，飞行员在后 3 个月有 61 小

下图：第 5 中队的 2 架 F3 "狂风" 战斗机与它们的前任——2 架 F6 "闪电" 做最后的编队飞行。中队在 1988 年 1 月 1 日换装 "狂风" 战斗机。

时的飞行时间，领航员有 49 小时飞行时间），而有经验的老飞行员接受 3 个月的短期培训，但飞行时长一样。新中队的 F3 战机有来自 229 换装训练部队的旧飞机也有刚从工厂出来的新飞机，ZE209 是第一架到达科宁斯比的飞机。

中队于 1987 年 11 月 1 日宣布接受北约驻大西洋盟军最高司令部指挥，承担海上防空作战任务。中队一开始部署到其战区基地（英国皇家空军在威尔士的布劳迪基地），但后来又成为英国皇家空军部署到战区外的主要战斗机中队。中队的首次海外部署是在有过广泛报道的 "金色鹰" 行动中，当时 4 架 F3 从 1988 年 8 月 21 日到 1988 年 10 月 26 日进行了环球飞行，纪念皇家空军成立 70 周年。

飞机在飞越远东的时候与泰国、马来西亚和澳大利亚空军一起飞行，之后

跨越太平洋，对美国和加拿大进行了友
好访问。

英国的"闪电"战斗机曾是英国皇
家空军防空部队的主力机型，20 世纪
80 年代中期仍然有 2 支中队在英国皇家
空军宾布鲁克基地服役。虽然受到爱好
者和观察家的追捧，飞行员对其也很喜
爱，但"闪电"战斗机飞行距离短，急
需替换。换装的第一个"闪电"战斗机
中队是第 5 中队，1987 年年底在科宁斯
比组建，1988 年 1 月 1 日正式成立，由
尤安·布莱克任指挥官。它的第一架飞
机——ZE292，于 1987 年 9 月 25 日抵

上图：英国皇家空军的"狂风"战斗机不久开
始拦截苏联远程侦察机，如这架图 –95"熊"
式 –D，被一架全副武装的 F3 拦截。

达，两个月后换上了中队的标志。ZE256
在 1987 年 6 月涂装的还是第 5 中队的标
志。中队的最初几架飞机来自第五批次，
后逐渐被 1988 年春生产的第六批次飞机

右图：近年来，第 29 中队的尾部标志进行了
修改，黑色增加，使用红色和金色进行修饰。
图中飞机与一架第 2（陆军协调）中队喷有临
时雪地涂装的 GR1A 一起飞行。

代替，随后中队宣布参与北约战备。这些新的飞机都装备了"猎狐者"Z型雷达，终于满足了英国皇家空军的最初要求。

英国皇家空军最后的"闪电"战斗机部队是第11（战斗机）中队，1988年4月30日正式宣布退役，第11（委派）中队在科宁斯比成立，指挥官是大卫·汉密尔顿。

中队的第一架F3是ZE764，4月25日交付。作为第四支"狂风"战斗机中队，番号字母应该以D开头，因此，汉密尔顿又加上了自己的首字母，变成了"DH"。中队于1988年7月1日正式成立，同一天从科宁斯比移到了北约克郡的英国皇家空军黎明基地，这个基地为了准备迎接"狂风"战斗机做了大量重建工作。中队1988年11月1日宣布隶属盟军大西洋最高司令部，在战时可以使用赫布里地群岛的民用机场。在"卵形"（Oviod）行动中，机场已经进行了重大升级，可以为中队提供前方作战基地，从这里可以实施战斗空中巡逻，保护通过格陵兰—冰岛—英国一线的盟国船运。1990年4月23日，中队在黎明空军基地执行第一个快速反应预警任务期间，完成了三个创举：拦截了2架

下图：第5中队的标志被简单改为了一片绿色枫叶，上面有一个"V"字，机头部没有标志。照片中其他飞机是第8中队的"沙克尔顿"飞机和第8中队（指派）的一架崭新的波音E-3D"哨兵"，这种飞机是"沙克尔顿"的替换型。

图 -95 "熊"式和 1 架伊尔 -20 侦察机。

　　尼尔·泰勒中校是指派的第四个 F3 前线部队的首位指挥官。1988 年 11 月 1 日起 F3 前线部队成为第 23 中队，之前马尔维纳斯群岛的 FGR2 "鬼怪"中队被重新指派为编号航空队。第 23 中队的第一架 F3 ZE809，于 1988 年 8 月 5 日交付。第 23 中队在建立的过程中，损失了英国皇家空军首架 ADV "狂风"战斗机。1989 年 7 月 21 日，ZE833 在北海东北距离海岸 48 千米远的地方坠毁。虽然两名机组成员都弹射出来，但是飞行员史蒂夫·莫尔丧生。中队 1989 年 8 月 1 日宣布开始执行任务。

　　黎明空军基地战斗机联队共下设 3 个前线中队，第三个中队于 1989 年 7 月 1 日成立，指挥官是米克·马丁。

　　中队的第一架飞机 ZE858 自 1988 年 12 月 15 日交付后就在黎明空军基地的飞机保养外场停机棚放置，后来才用于非指派单位的建设。在这段时间里，它在尾翼上被标了一个大大的问号，因为当时中队的身份还没有确定。作为第 6 支 F3 部队，番号以 F 开头。这架神秘的飞机后来被取名为 "FK"，表示 "F 知道"！

　　由于沃提夏姆基地和威尔登拉斯基地的英国皇家空军联队希望能保留他们的 F-4，因此没有现成的战斗机中队命

上图：一个新上任的中队司令再次用红色条纹来涂装第 5 中队的尾翼徽章，但是机头红色的 V 形最近才开始出现。图中这架第 5 中队的 "狂风"战斗机是 1997 年在葡萄牙一场北约战术领导计划演习中拍摄的。

名可供第三支黎明空军基地中队使用。最后决定新的中队接过第 25 中队的番号，当时这个中队正在英国皇家空军威顿基地、博克斯顿和沃提夏姆基地飞行 "猎犬"萨姆战机，后来于 1989 年 9

下图：黎明空军基地的第二支 "狂风"战斗机中队是第 23 中队，现在已解散。图中一架该中队的 F3 于 1993 年 10 月参加实弹演习，在英国皇家空军亚克罗提利机场着陆。

上图：汉密尔顿的第111中队战斗机很快就在尾翼和脊背上涂上了黑色。图中的飞机全副武装，有两个大型的"兴登堡"副油箱。

月30日解散。很多人都很吃惊，因为第32、第60、第64、第85中队都是有过很多骄人战绩的部队。不过第25中队（也许是前成员）在高层有朋友，因此中队于10月1日正式重组。1989年12月31日，中队宣布正式进入现役。

英国皇家空军在法夫郡的卢赫斯基地很多年以来都是英国皇家空军最北的战斗机机场。该机场也是英国北方快速反应预警部队（一般简称为"北方快速"）的基地，拥有"闪电"以及后来的"鬼怪"战斗机执行常规截击苏联侦察机的任务。

基地驻扎的2个中队中，第43（F）中队在1989年7月底停止了"鬼怪"飞机的任务。首架F3"狂风"战斗机（ZE963）于1989年8月23日从沃尔顿飞抵这里，进行工程训练并熟悉环境。

第43中队的新指挥官是安迪·莫伊尔，1989年9月23日领导了首批2架战斗机——ZE961和ZE962，从科宁斯比飞到卢赫斯，那天正是基地每年一度的英国国内战争纪念日。中队随之开始了建设工作，1990年1月9日接收了第800架"狂风"战斗机。1990年7月1日中队宣布执行北约任务。

8支前线F3中队中最后一个建立的是第111中队，由彼得·沃克任指挥官。中队的"鬼怪"飞机1989年10月31日正式停飞。在卢赫斯向新机型过渡的时候，英国北方快速反应预警部队的任务转给了黎明空军基地。第111中队于1990年5月1日正式成立，但它的第一架新式F3——ZE969，1990年6月6日才从沃尔顿来到这里。中队开始接收新生产的飞机和旧飞机，不过其中大多数还是按照第一阶段标准制造的。海湾战争导致该中队失去了这些能力更强的战机，它们被补充到了执行"格兰比"行动的作战部队中。第111中队从1990年12月31日起，参与北约行动，与此同时英国北方快速反应预警部队从黎明空军基地撤回。

1992年"鬼怪"从英国皇家空军提前退役，需要再建立一个F3"狂风"战斗机中队，名称为第1435中队，基地在马尔维纳斯群岛的英国皇家空军蒙特布莱森。中队只有 4 架飞机，人员轮流来自英国本土的部队。中队的第一批 F3（ZE209、ZE758、ZE790 和 ZE812）于 1992 年 7 月 7—8 日经阿森松岛前往马尔维纳斯群岛。中队的成员来自英国，可能每 18 个月执行一次为期 4 周的任务。中队的任务有多种，既包括拦截阿根廷的侦察机（比如 L-188 或者 C-130"大力士"），还包括有时拦截往返于马尔维纳斯群岛和智利之间的民用波音 727 水产品运输机。

上图：来自卢赫斯的 2 架 F3 "狂风"战斗机护送 1 架图 –95MS 前往英国皇家空军费尔福德基地参加 1994 年国际航展。

第一阶段及以后

1984 年 10 月至 1989 年 6 月之间，142 架防空截击型"狂风"战斗机被交付给英国皇家空军。所有这些飞机都计划进入现役，装备有 W 型和 Z 型"猎狐者"雷达，44 架一开始装备 W 型的 F3 后来也升级为 Z 型。在第一阶段的改进中，雷达和许多其他系统进一步升级，达到了交付给英国皇家空军最后的 46 架 F3 的标准。

ZF936 是经第一阶段升级计划改装的第一架飞机，1989 年夏天到达科宁斯比进行测试。飞机升级了雷达软件、安装了标准和新的类似 F/A-18 的操纵杆，让飞行员更容易操控。这种新的操纵杆改进了武器选择按钮（机炮、"响尾蛇"

导弹、"天空闪光"导弹）和雷达指挥开关的位置。一开始的 2 架飞机分属黎明空军基地和科宁斯比，后来都共同编在了当时在卢赫斯成立的中队里。为了满足沙特阿拉伯的订单，许多英国皇家空军 F3 在生产线上做了改动，第 7 批次第 15 档（block）增订了 24 架飞机，后来因为阿曼取消了对第 16 档生产的双座战斗机的订单，这一批又增加了 8 架。按照第一阶段的标准交付，这些飞机中的最后一架——ZH559，也是生产的第 929 架"狂风"战斗机、第 198 架 ADV "狂风"战斗机、英国皇家空军的第 404 架也是最后一架"狂风"战斗机于 1993 年 3 月 24 日交付给科宁斯比。

根据第一阶段的标准，"狂风"战斗机 F3 可以说是一种高性能的武器系

上图：这架第 111 中队的 F3 正在发射红外引诱曳光弹，机身下装有云顿有限公司的 Vicon78 曳光弹撒布器，机翼下还装有赛尔赛斯技术公司（Celsius Tech）的 BOL 导轨式干扰箔条发射装置。

统，后来在 1990 年伊拉克入侵科威特的推动下又进行了一系列改动。

"海湾战争"升级计划，也称为第一阶段加强型，随后在整个部队实施。飞机据此进行了大量升级，改进了在恶劣天气条件下执行任务的能力（改进了座舱盖、轮胎和高功率的空调系统）。同时飞机的生存能力和战斗力也得到提高。后机身下安装了 AN/ALE-40 箔条 / 曳光弹撒布器，后来又改成了云顿有限公司的 Vicon 78 系列 210 型。同时还装备了 Philips-MATRA Phimat 箔条撒布器，

使用了表面波吸收材料和雷达波吸收材料来减少雷达发射面积。一直没有启用的自动机翼后掠系统最后在第一阶段加强型飞机上取消。

第一阶段升级计划把雷达升级为 AA 标准，软件升级后改善了电子反干扰能力和近战能力，空调也有所改善。马可尼 Hermes 雷达预警接收器也有所改进，用了新的软件，可以识别所有战区内的敌方飞机（以及友方飞机）。飞机装备了跳频无线电台。部署的"狂风"战斗机也装备了美国的 AIM-9M 导弹，提高了性能。发动机温度限制器也可提供更大的推力，作战时可以提高 5%。

但是第一阶段加强型"狂风"战斗机缺乏的是与美国 F-15C 完全兼容的敌我识别系统，因此在伊拉克就没有使用，

只在友方领土上执行任务。海湾战争一年后，英国皇家空军的"狂风"战斗机继续进行升级改造，但国防开支的削减也使部队规模逐渐缩小。

选择

与攻击/打击部队相比，"狂风"战斗机防空部门在 20 世纪 90 年代早期英国削减国防开支中受到的影响相对较小。冷战结束后，苏联飞机侦察英国防空区域的行动大为减少，英国皇家空军的防空战斗机资源也进行了重组，但没有迹象表明英国面临的威胁就永远消失了。南部快速反应预警任务于 1992 年 1 月 9 日解除，之前由科宁斯比的两个"狂风"战斗机中队和沃提夏姆基地的"鬼怪"中队共同承担。急切希望提供"和平红利"的政治家们要让已经微不足道的英国皇家空军防空力量再遭重大裁撤，现有基地中已撤销一处，在德国的部队也被撤销。部队裁减导致沃提夏姆基地和威尔登拉斯基地英国皇家空军的四个"鬼怪"中队（原来计划保留至欧洲战斗机的到来）被撤销。从 1992 年起，卢赫斯成为英国唯一的快速反应预警部队基地，之前与英国北方快速反应预警部队肩负同样的任务。

从那以后，所有前线 F3"狂风"战

上图：第 25 中队的表演型 F3"狂风"战斗机带有彩色涂装。中队早前有一架周年纪念飞机，脊背上是黑边银色条纹，机身有中队标志，前机身用黄色卷型花纹标示了中队的战斗荣誉。

斗机部队轮流派遣人员到卢赫斯担任预警任务。

前线中队急剧减少后，很多训练部队被任命为（预备）中队，表面上保留了许多历史悠久的部队，但实际上是在掩盖英国皇家空军前线实力虚弱的状况。在这一过程中，科宁斯比的第 229 换装训练部队（具有第 65 中队的"影子身份"）于 1992 年 7 月 1 日变成了第 56（预备）中队。这样在作为一个"鬼怪"防空中队被裁减的时候还是保留住了"火鸟"的历史身份和番号。

迄今为止，唯一被裁减的 F3 部队是第 23 中队，于 1994 年 2 月 28 日在

上图："狂风"战斗机 F3 作战评估部队在美国进行拖曳式雷达诱饵试验。拖曳式雷达诱饵是"狂风"战斗机在"拒绝飞行"行动中首次使用。

黎明空军基地结束任务。很多人都觉得不可思议。该中队的历史更长、更出色而且很完整，而第 25 中队（很多人认为会被裁减）多年来一直是一个装备"猎犬"萨姆防空导弹的部队，参战的历史也要少很多。削减一个 F3 战斗机中队反映了冷战后国防开支缩减的现实。

此后，意大利提出租借 24 架 F3 战斗机，因为四国联合研制的欧洲战斗机迟迟未能出现。使用租借的"狂风"战斗机来填补力量空白有很多便利，对其他欧洲战斗机用户来说也有好处，因为这样意大利就不会采购临时性的战斗机，也就不会威胁到欧洲战斗机本身的研发。有关租借协议于 1993 年 11 月 17 日签署，包括了飞机、技术和后勤支援、人员训练等各种细节，1994 年 3 月 18 日又签署了另外一份谅解备忘录。协议包括了 5 年的零成本出租，后来又延长了 5 年。意大利的飞机来自第五、六、七批次，由意大利提供经费按照第一阶段增强型标准进行了升级，改进延长了装备的 25FI 通用炸弹使用寿命，这些战斗机还属于英国皇家空军资产，谅解备忘录中有一条允许英国在需要时召回这些飞机。有人称意大利 F3"狂风"战斗机装备了意大利的雷达预警接收器和电子对抗设备，但没有被证实。虽然飞机在理论上与意大利阿莱尼亚"蝮蛇"导弹兼容，但意空军没有计划要集成这种武器，而是采购了96枚"天空闪光"导弹。

交付意大利空军的第一架飞机是MM7202（之前的ZE832），1995年7月在英国皇家空军科宁斯比交接。首批12架飞机装备第36联队在焦亚－德尔科莱的第12中队，其他飞机装备了在卡梅里的第53联队的第21中队，最后一架于1997年6月交接。第12中队1995年2月宣布进入战备，立即开始执行空中巡逻任务，支持针对前南斯拉夫的联合国"禁飞区"行动。由于没有防空后座飞行员，意大利空军F3由两名飞行员驾驶，后座飞行员使用MB339进行飞行练习。新的后座飞行员要经过3年才能过渡为前座飞行员，具有武器系

下图：英国皇家空军最后的前线"狂风"战斗机部队是第1435中队，在马尔维纳斯群岛拥有4架F3"狂风"战斗机。这一部队的前身可以追溯到第二次世界大战在马耳他装备"角斗士"战斗机的防空中队，中队标志是马耳他十字形尾翼徽章。中队的飞机甚至以马耳他"角斗士"战斗机的名字命名——"信任"、"希望"、"慈善"和"绝望"。

上图：一架 F3 作战评估部队的 F3 战斗机装备了第二阶段雷达，前往美国参加联合战术信息分发系统测试。这架飞机喷有当前作战评估部队标志，一把三翼剑叠加在一个红色 V 形图案上。攻击 / 打击作战评估部队有时在蓝色 V 形上使用相同的标志。

统军官（WSO）认证 / 武器操作经验，这将使他们特别适合驾驶以后的欧洲战斗机。

联合战术信息分发系统（JTIDS）革命

自第二次世界大战以来，所有作战经验证明，给战斗机飞行员最全面的空战训练具有非常高的价值。随着技术的进步，所有友方部队的资源（机载预警和控制系统、地面控制拦截雷达、水面舰艇和战斗机）可以整合联结起来，形成一个整体系统。这样可以使战斗机获得远在其传感器作用范围之外的战术态势感知。虽然在设计者眼中，ADV"狂风"战斗机仍只是一点突破，但英国皇家空军的新式战斗机可以组成一个"在线、信息互联、可抗电磁干扰"的数据链系统。北约要求在整个部队内建立通用数据链系统，英国皇家空军没有理由不参加，但是北约成员国没有就通用标准达成一致，导致计划推迟。

联合战术信息分发系统（JTIDS）是美国为北约研制的通用战术数据链，为了实现在陆地、海洋和空中友方资源之间的安全数据通信。英国宇航公司选定第二架生产型 F3"狂风"战斗机（ZE155）为第 16 链路联合战术信息分发系统的试验机，直到 1985—1986 年终端安装完毕。飞机于 1986 年 10 月 16 日最后飞离沃尔顿。1987 年 9 月，它离开博斯坎普城，前往亚利桑那州尤马的海军陆战队机场，成为首架飞越大西洋的 ADV "狂风"战斗机。成功完成联合战术信息分发系统集成试验后，ZE155 成为首架未经加油便横跨大西洋的英国战斗机，一举创造了历史。这架飞机驻扎在加拿大的鹅湾，于 1987 年 9 月 24 日直飞沃尔顿，用了 4 小时 45 分钟完成了 2200 海里的飞行。飞机驾驶员是彼得·戈登 – 詹森和莱斯·赫斯特，挂载了两个 2250 升和两个 1500 升的油箱。

英国宇航公司加入了博斯坎普城的 A&AEE 以继续联合战术信息分发系统试验。后来科宁斯比的 F3 作战评估部队也参与进该项目，在国内外进行了大量试验。1993 年 10 月 27 日，项目成功实现了 F3 作战评估部队的 2 架 "狂风"战斗机和 4 架 E-3 "哨兵"（2 架英国战机和 2 架法国战机）之间的数据传送。前线 F3 部队 1994 年开始接收联合战术信息分发系统，科林斯比的第 5 和第 29 中队分别接收了他们的首架装备联合战术信息分发系统的飞机（第 7 批次第 15 和 16 档生产）。

ZG751 于 1991 年 8 月 14 日抵达第 5 中队，是首架装备联合战术信息分发系统的战机，一些必要的装备在之后几天陆续进行了安装。只有相对少数的联合战术信息分发系统 II 型终端用在了 F3 中队的飞机上，但现在大多数飞机都有了这样的设备。黎明空军基地的战斗机联队目前就使用了大量的联合战术信息分发系统来支持其北约防空任务。

除了联合战术信息分发系统，英国皇家空军的 "狂风"战斗机还进行了多种改进。自 1994 年起，F3 "狂风"战斗机已经能够装载通用 – 马可尼空中拖曳式雷达诱饵（TRD）。这种诱饵装在一个改进过的 BOZ 干扰箔条撒布吊舱中，可以拖曳至少 200 米，使用后即丢弃（最好是在国内机场，可以再回收利用）。F3 "狂风"战斗机还装备有对地攻击型的外侧翼下外挂梁，并在左翼下携带 Phimat 或者 BOZ 吊舱，用以平衡另一侧的拖曳式雷达诱饵。前线战斗机现在也搭载了通用尾部发射器（CRL），包括一个赛尔赛斯技术公司的 BOL 箔条撒布器和一个集成的冷却气体发生器。通用尾部发射器替换了标准的 LAU-7 "响尾蛇"导弹发射轨道，现在可以使用 AIM-9 "响尾蛇"导弹或者新式的先进近程空 – 空导弹。使用通用尾部发射器使 "狂风"战斗机可以不用再携带 Phimat 箔条撒布器，而保留 "响尾蛇"导弹发射架。如果英国皇家空军不再使

用 AIM-9，有些人希望尽早使用一些老式的导弹。替换"响尾蛇"导弹是为了节约资金，因为这种武器变得越来越贵。

之前的雷达升级（第一阶段和第一阶段加强型）与其他改进同时进行，而最新的第二阶段（机载）雷达升级是一个独立的计划，但是"第二阶段"用来指当前英国皇家空军 F3 的改进是不恰当的。第二阶段改装集中在一种新的程序上，可以自动探测目标并进行跟踪，而且可以通过分析飞机发动机的第一和第二级压气机轮盘特征来区别不同目标。飞机的主计算机也进行了升级，运用了新的更清晰的显示字符和格式。自动机翼后掠方案在第二阶段升级计划中可能重新启动。

虽然目前已经缺乏执行日常任务的高速喷气式飞机，新工党政府的战略国防评估还是削减了英国皇家空军的 F3 "狂风"战斗机部队，1998 年 10 月 30 日第 29 中队在科宁斯比解散。对

上图：机头标志（像第 43 中队传统的黑白棋盘图案）逐渐从英国皇家空军 F3 "狂风"战斗机上消失。这架第 43 中队的飞机已经减小了尾翼徽章，旁边是尾翼代码，这样在执行任务或者分配给别的单位之前就更容易重新涂装。

29 中队的裁减比之前裁减"鬼怪"第 19、第 23、第 56、第 74 和第 92 中队更加令人意外，英国皇家空军似乎已经决定撤销战功最为卓著的英国战斗机部队，而不是那些默默无闻的部队。裁撤的理由仅仅是在科宁斯比"腾点地方"，这里将是英国皇家空军首个欧洲战斗机基地，已经有了三个飞行中队，而黎明空军基地和卢赫斯各只有两个 F3 "狂风"战斗机中队。

和英国皇家空军 GR1/1A/1B "狂风"战斗机部队一样，对是否应该减少 F3 "狂风"战斗机部队也存在争论。由于英国皇家空军目前能够执行海外维和任务和联合国任务的飞机主要包括对地攻击战斗机和侦察机，F3 "狂风"战斗

机继续扮演着关键的角色，在波斯尼亚的任务就需要这样的飞机去完成。按照目前的力量，哪怕一个额外的任务就可能导致 F3 部队无法应付。尽管如此，部队还是随时做好了准备，而且飞机也重新进行了喷涂，以利于更快速的部署，中队标志减小，放到了尾翼整流罩上，这样更容易抹去或者覆盖。

经过第一阶段、第一阶段加强型和第二阶段升级的战斗机逐步服役，产生了"微型中队"的威胁，中队内部问题也开始出现。一项长期持续的"狂风"战斗机能力支撑计划（CSP）于 1996 年启动，也就是一项中期升级计划（MLU），目的是把剩余服役的 F3 升级到通用的人机工程和设备标准，让海湾战争升级计划及其之后的改进都变为产品，运用到所有飞机上。1996 年 3 月 5 日 MLU 宣布，计划把 100 架 F3 的使用寿命延长到 2010 年。这就需要一系列的现代化改装，增加先进中程空 – 空导弹和先进近程空 – 空导弹，让所有 100 架长期服役的飞机都具有这些能力。

要集成先进中程空 – 空导弹需要提供 MIL STD 1553B 数据总线，改变主计算机处理器，使用新的导弹管理系统（利用 ADA 软件），改进图像显示设备。特别是，新式先进中程空 – 空导弹和先进近程空 – 空导弹不是为 F3"狂风"战斗机采购的，CSP 改进型飞机需要借用 RN "海鸥" AIM-120 战斗机库存的先进中程空 – 空导弹，并使用本来为英国皇家空军 GR7"鹞"式战机订购的先进中程空 – 空导弹。此外，也不是所有 CSP 飞机都要装备先进中程空 – 空导弹发射器，因为采购的数量不多，只在需要的时候才装备飞机。

在沃尔顿 3 架长期进行测试的飞机用于实施 CSP 计划。F2 ZD899 用作雷达改进测试，F3 ZG797 用于升级新的显示软件，ZE155 进行导弹装载试验。在

下图：第 25 中队原来的中队标志是在尾翼上有一个简单的黑边银色条纹，下端是霍克"长手套"徽章。这里，中队的一架飞机与一架金迪维克靶机编队飞行，这种飞机一般是"狂风"战斗机 F3 进行导弹射击演习时担任导弹靶标的牵引机。

写作本书的时候，英国宇航公司系统工作小组计划在圣安森空军基地改进首批24架CSP飞机，英国皇家空军人员利用英国宇航公司提供的工具改进剩下的76架。2001年前最后一架飞机将回到现役。当然由于《战略防御评估》，F3"狂风"战斗机部队遭到裁减，这对参与CSP计划的飞机数量也有影响。

除了CSP计划，F3还另外装备了意大利Elmer公司SRT-651N V/UHF dual Have Quick 1跳频无线电台，很可能还要安装新的液晶显示屏，进一步提升性能，成为现代防空力量的有机组成部分。

一架最先进的"狂风"战斗机可能永远不会进入现役，这就是F2A ZD902，现在的TIARA"狂风"战斗机（"狂风"战斗机综合航空电子研究试验机）。TIARA是专门用于试验的飞机，运用了先进的传感器融合理念，采用了最新型的液晶显示座舱，装备机载红外搜索跟踪系统、Blue-Vixen雷达以及大量传感器和其他系统。但是这些设备会用到欧洲战斗机和其他先进战斗机上，而不是"狂风"战斗机的改进型上。

下图：一架英国皇家空军的飞机在交付前租借给了意大利空军，它涂有第36联队的尾翼标志，进气口处有第12中队的标志。照片中另外一架是第56（预备）中队的F3"狂风"战斗机。

战争中的"狂风"战斗机

"格兰比"行动

1991 年，联合国采取行动将科威特从伊拉克入侵军队手中解放，即为大家所熟知的海湾战争。海湾战争被分为预备阶段（美国国防部将其称为"沙漠盾牌"行动）和作战阶段（"沙漠风暴"行动）。对于英国国防部来说，从 1990

上图：一架"狂风"战斗机正从皇家空军布吕根机场的加固机库中滑出，准备飞往穆哈拉克。"狂风"战斗机是"格兰比"行动的组成力量。

年8月到1991年3月这个阶段即为"格兰比"行动。无论使用何种名称，迫使伊拉克从科威特撤军的行动，为"狂风"战斗机提供了首次开展实弹作战的机会，飞机确实在作战中"愤怒地"投下了多枚炸弹。

或许带有讽刺意味的是，"狂风"战斗机本是北约根据欧洲中部前线特点精心设计而且耗时费力打造的，用于对抗华约组织所能部署的最优良的武器，现在却远离其预想的中欧"战场"，前往数千千米之外的热带沙漠地区，而其对手则是一个发展中国家。在被占领的科威特和伊拉克上空的空战与任何欧洲战场都是大为不同的。

然而，"不同"绝不是意味着"更为容易"。虽然伊拉克羽翼未丰的空军

上图：被派往海湾代替第5和第29中队原有飞机的第一阶段增强型F3没有涂装中队标志，但是有第11中队的代号。它们一般携带与GR1同型的330加仑机翼下副油箱，把自己的495加仑油箱给了轰炸机。

远未构成实质性威胁，但盟军飞机不得不面对萨姆导弹和防空炮的威胁。如果冷战一旦升级，那么这些致命的防空系统也正是他们将在中欧战争所须面对的。此外，地形遮蔽难以派上用场。面对沙漠中毫无特点且十分陌生的地形，导航系统难以发挥作用。因此，对许多目标的打击难度更大。举例来说，伊拉克机场通常很大（有很多比伦敦希斯罗机场还要大），并且建有多条跑道、后备简易跑道和滑行道，并装配有最新式的加固机库，以及一系列高

效能防空系统。

三个国家——英国、意大利和沙特阿拉伯在与伊拉克的战斗中使用了"狂风"战斗机。伊拉克入侵科威特事件发生后，很明显，要军事驱逐萨达姆·侯赛因的军队，需要站到一起的盟军部队部署大量的人力和装备。美国作为最大的参与者，毫无疑问充当了联军的领导者。多国部队及时地认识到了驻扎于科威特的伊拉克军队对邻国沙特阿拉伯的潜在威胁。因此，有必要重新夺回科威特的油田，并防止萨达姆·侯赛因为抢占沙特阿拉伯油田而做出任何进一步行动。于是，多国部队发起"沙漠盾牌"行动，对沙特阿拉伯进行迅速支援，并展示力量，目的在于促使萨达姆·侯赛因从科威特协议性撤军。

空中卫士

联军最初的首要目标是部署可以阻止伊拉克任何进一步入侵的部队，特别是要应对伊拉克袭击沙特阿拉伯产油区和产油设施的装甲力量，并部署集成的防空体系。英国最初部署的是"美洲虎"战斗轰炸机。这些"美洲虎"飞机于 1990 年 8 月 11 日离开位于科尔蒂瑟尔的基地。经过长期训练，它们可以在

下图："沙漠风暴"行动开始后，驻扎于达兰基地第 11 中队的 F3"狂风"战斗机的两位数字代号被替换为单字母的尾翼编号。图中，一架 F3"狂风"战斗机准备执行战斗巡逻任务。

上图：一架第5中队F3"狂风"战斗机与美军VFA-81中队的一架F/A-18C飞机在"沙漠盾牌"行动中一同巡逻。

几乎无提前准备的情况下进行部署，这种能力弥补了其有限的有效载荷/远距离飞行能力以及有限的夜间/全天候和精确打击能力。针对防空，英国将驻扎在塞浦路斯的一个F3"狂风"战斗机中队部署至沙特阿拉伯达兰基地。该中队的飞机和人员由第25中队和第29中队组成。这两个中队都驻扎在塞浦路斯阿克罗蒂里皇家空军基地，分别处于其年度弹药训练营的开端和结尾。1990年8月7日19点30分，皇家空军打击司令部命令第29（战斗机）中队继续与第5中队一起驻守在塞浦路斯。1990年8月10日，命令12架"狂风"战斗机"转场至沙特阿拉伯达兰"。

次日，12架"狂风"战斗机在第5中队指挥官尤安·布莱克中校的带领下，直接飞向位于达兰市的阿兹国王空军基地。此后，该批"狂风"战斗机与沙特阿拉伯皇家空军的ADV"狂风"战斗机，以及新派遣的美国空军第1战术战斗机联队的F-15"鹰"式战斗机组成的混合编队一起，于1990年8月12日执行了首次战斗巡逻任务，耗时4小时。该皇家空军特遣队，由22名飞行人员以及近200名支援人员组成，由瑞克·皮考克·爱德华上校领导。

随着萨达姆·侯赛因的军队无限期留在科威特的企图不断明显，联军开始加强其力量，并开始准备使用军事手段来解决这次危机——用一次进攻性的军事行动强制驱逐伊拉克军队。由于一项旨在改善F3"狂风"战斗机的项目仍在进行之中，毫无疑问，某些中队将拥有

下图："沙漠风暴"行动之前，F3"狂风"战斗机很少满战斗负荷飞行。然而，这在海湾战争中则成为日常行为。由于缺乏与美国空军兼容的敌我识别系统，使得"狂风"战斗机只能在边界以南行动，与敌人交战的机会少之又少。

上图：与第43中队分遣队一同驻扎在英国皇家空军卢赫斯基地的风笛演奏者（依安·豪斯军士长）在海湾战争结束之时欢迎飞机从达兰返回。

装备更为全面、作战能力更为强大的飞机。用最新升级的飞机替换第5中队和第29（战斗机）中队原有的战斗机是大有裨益的。然而，在新飞机集结的过程中，原有的飞机将继续坚守"阵地"。这些接受了必要改造的飞机在极端气候

右图：一架满载弹药（4枚"天空闪光"和4枚"响尾蛇"导弹）的F3"狂风"战斗机正在降落，在一次毫无收获的战斗巡逻任务之后返回基地。

条件下的作战能力有所提高，并拥有了最为优良的"战斗装备"。

这一计划并非简单替换飞机，而是决定将凑合使用的第5和第29（战斗机）中队的战斗机轮换至国内，并用一个武器和人员配备都专门针对此项任务的混

上图：在"沙漠风暴"行动的准备过程中，由于认为伊拉克空军将设法重点防御中空进攻，"狂风"战斗机演练了其低空攻击能力。很少有人预测到伊拉克军队几乎没有使用任何飞机，这就使得上层空域相当安全。图中飞机（ZA392）在返回德国、接受升级、重新编订代码（如 FN）以及重新部署之后，在战争的第一个夜晚就被击落（也可能是坠毁），当时它成功投放了一批 JP233 机场攻击炸弹后正在返航途中。

合编队来替代。戴维·汉密尔顿中校是第 11（战斗机）中队指挥官，被任命指挥该编队。该混合编队能力大为提高，由 18 架飞机组成，主要抽调于卢赫斯联队，而人员主要来自黎明空军基地。

通常情况下，该中队被指定为第 11（混合）中队，接受其指挥官的调遣。然而，在战区其官方名称则为"F3'狂风'战斗机特遣队——达兰"。中队共有 24 个战备机组，分别抽调于第 9（战斗机）、第 23 和第 25 中队。非战备、有限战备以及快速反应预警人员中合格的被暂时安排在后面两个分队中，在英国继续执行其"常规任务"。

该中队首批 3 架"狂风"战斗机（ZE936、ZE942 和 ZE961）来自第 43 中队，于 1990 年 8 月 11 日抵达黎明空军基地。同一天，驻扎于塞浦路斯的飞机抵达沙特阿拉伯。其他的 F3 飞机来自于卢赫斯和科宁斯比。另外，还有一架（ZE982）直接来自于位于沃尔顿的飞机工厂。

对这些飞机的升级改造根据的是所谓的"第一阶段加强"标准，除包括了第一阶段升级项目外，还额外增加了针对战区特点的改进和战斗武器改进。

除沙漠地区行动所要求的机身和发动机改进之外（在出口沙特阿拉伯的飞机中已大量运用），还对 F3 型飞机进行了新型 AA "猎狐"软件升级（增强了近战和电子对抗手段），并装配了升级的冷却系统。这些飞机还拥有雷神公司 AIM-9M "响尾蛇"空 - 空导弹（拥有更好的目标辨识能力，与旧版"Nine Lima"相比，其性能更佳），还装配了一对 Tracor AN/ALE-40（V）箔条 / 曳光弹撒布器（在战区被替换为一对云顿公司 Vicon 78 系列 210 撒布器）。此外，还在飞机抵达达兰之后，为大部分飞机加装了单后翼 Philips-MATRA Phimat 箔条吊舱，通常被装载于右舷"肩部"下的外挂点上。发动机改进后，其转子极限温度上升了 20℃，并增加了 5% 的"战斗推力"设施。飞机还拥有与夜视护目

镜兼容的座舱，并装配了 Have Quick 跳频无线电台，以及改良的通用电气公司马可尼赫尔墨斯雷达导航和预警接收器（RHWR）。战斗机垂直尾翼前缘、机翼、横尾翼以及外挂点之上直接运用了表面波吸收材料。发动机入口处覆盖了一层雷达波吸收瓦，以降低 F3 型飞机的雷达反射横截面。表面波吸收材料是一种稠密的油漆状物质，其重量很大。飞机还装配了镍铬合金横尾翼前缘以防止"响尾蛇"导弹发射尾气而造成的损害。携带"战争装备"的 F3 型飞机逐一从黎明基地的飞机勤务飞行中心飞出，这些飞机尾翼分别喷有第 11（战斗机）中队"DA-DZ"开头的编号。

首批 6 架飞机于 1990 年 8 月 29 日离开黎明基地飞往达兰，途中夜间停留于阿克罗蒂里皇家空军机场。另外 6 架分别于 1990 年 9 月 16 日至 17 日，以

右图：后座视野。"沙漠盾牌"行动中，飞行员沿着一条狭窄而弯曲的峡谷飞行时，麦克·赫斯中校冷静地拍下这张颇具轰动性的照片。

上图：这架驻守于穆哈拉克的"狂风"战斗机已饱经风雨，照片拍摄于一次战前飞行训练。武器不可避免地只能挂于机腹之下，一般包含 2 枚 JP233 机场攻击炸弹或者 4 枚 454 千克炸弹。

及 22 日至 23 日飞离黎明基地。该飞机中队在一个月的时间内共飞行 453 架次，飞行时间为 1100 小时。1990 年 9 月末，第 43（战斗机）中队指挥官安迪·莫伊尔中校带领其部队的机组人员、第 29（战斗机）中队的机组人员以及一个来自第 25（战斗机）中队的机组人员前往海湾地区替换汉密尔顿的部队。第 11（战斗机）中队返回英国之后，承担了"快速增援中队"的任务，如果伊拉克决定进一步全面入侵，"快速增援中队"将奔赴战场。留守在沙特阿拉伯的 F3 战机则进行着一场十分安静的战争，正如美国海军 F-14 飞机一样，由于不能与美国空军 F-15 战机的敌我识别系统兼容，其不能进入伊拉克上空。因此，

它们未能参与真正的战斗，当然这并不是出于它们对安全的担忧，也不是出于缺乏对自身应对威胁能力的信心，这一点被经常提到。

英国皇家空军轰炸机

在部署首批 F3 型飞机的同时，一个中队的"美洲虎"战斗机也被部署到阿曼。不久，事态逐渐明朗，为了将伊拉克军队驱逐出科威特，需要开展进攻性空战，利用联军飞机对半战略性目标实施彻底打击。"美洲虎"战斗机只能用于执行防御性空中支援任务，很明显，需要一种航程更远、能力更强的飞机执行进攻任务。1990 年 8 月 23 日，英国皇家空军宣称一个 GR1 "狂风"中队被部署至巴林。部署至海湾的皇家空军"狂风"战斗机本来是需要一定升级的。很明显，某些细微的改进可以使飞机的生存和作战能力得到有效改善。最终，部署至海湾的所有 GR1 飞机全部从英国皇家空军驻德国部队抽调而来（为来自拉普瑞奇的第 3 批次飞机和来自布吕根的第 4 批次飞机，均重新装配了发动机）。其实，这些飞机已装配了动力更强劲的 Mk 103 发动机，并配备了改进后的雷达制导警戒系统。布吕根空中勤务飞行中心也为这些飞机装配了机身。此外，所

有机身都被暂时整体喷涂了"沙漠红"伪装色。

1990年8月27日，由第14中队指挥官莫里斯中校领导的10架"狂风"战斗机离开皇家空军布吕根机场，飞往阿克罗蒂里，并于第二日抵达穆哈拉克空军基地。理查德·"洛基"·古道尔上校被任命为整个分队的指挥官。沙漠环境对飞机造成了严重的影响，特别是低空飞行时，发动机吸入沙尘，对发动机造成了许多麻烦。与此相关的另一问题是，在早期低空任务中，"狂风"战斗机的地形跟踪雷达对岩石地形有所反映，然而对于沙丘地形却毫无效果。为了解决这些问题，必须求助于工程师技术支援和负责解决类似问题的相关航空人员，飞机于1990年9月底返回德国的母基地进行改造。

1990年9月14日，第2个中队的"狂风"轰炸机收到部署命令。这些飞机仍旧抽调于英国皇家空军驻德国部队。较之于早先部署的飞机，这些飞机接受了额外的改进。部署至海湾的"狂风"战斗机都接受了一系列的改造和升级，共装配了23种新式设备和19种新式的特别试验装置。虽然并不是所有的23种新式设备和19种新式的特别试验装置都装备在同一架飞机之上，但是平均下来，每架飞机也装配了18种新式设备

上图：第101中队VC-10加油机正在给一队携带JP233炸弹的"狂风"战斗机实施空中加油。"狂风"战斗机的战斗始于一次时间短暂的机场打击行动，在该行动中的主要武器就是JP233。

和13种特别试验装置。所有飞机整体喷涂了ARTF（碱性可去除临时涂装）沙漠红方案，并在飞行加油探针上装配了"螺栓"（很少装配在皇家空军驻德国的"狂风"战斗机上）。标准的"核心"

下图：狂风ZA467/FF在1991年1月22日的行动中坠毁，其飞行员格里·雷洛克斯以及中队指挥官凯文·威克斯阵亡。图中，该飞机正在参与针对Ar Rutbah雷达站的轰炸行动。

升级包括在所有发动机进气口前缘区域喷涂表面波吸收材料，以降低飞机雷达特征。此外，还对所有飞机进行了通信升级，以便其与美国空军飞机开展协同。因此，战区内的英国皇家空军"狂风"战斗机具备了 Mk XII 4 型敌我识别系统，并装备了 Have Quick 跳频无线电台（从效率上而非技术上对音频进行保护）。某些飞机进行了包括装备手持卫星导航接收器在内的导航升级，其他飞机也配备了导航兼容座舱。

在翼展控制器上安装了简易金属制动器，以将翼展的角度限制于 63.5°，这使得 F3 "狂风"战斗机可以携带容量为 2250 升的"兴登堡"副油箱，这种油箱通常就是由 F3 使用。当 F3 装配这种大油箱时，翼展角度被自动限制。鲍勃·列维森中校担任第 617 中队指挥官，带领混合编队分别于 1990 年 9 月 19 日和 1990 年 9 月 26 日分两批抵达穆哈拉克。不久之后，该中队转移至沙特阿拉伯塔布克，并于 1990 年 10 月 8 日正式驻防在费希尔国王空军基地，完全归于罗恩·埃德尔上校的麾下。

准备战争

1990 年冬季，由于伊拉克并没有表现出放弃兼并科威特的迹象，联军部队开始准备战争。1990 年 11 月 29 日，联合国安理会通过第 678 号决议，授权盟国使用一切必要手段将萨达姆·侯赛因的军队从科威特赶出。1991 年 1 月 15 日标准时

左图："狂风"/JP233 组合在空战开始阶段发挥了重要作用。JP233 是唯一能够摧毁敌军机场的武器，因此可以从容使敌军飞机丧失战斗力。

上图：图中飞机（ZD744）正在与穆哈拉克分队一同进行战前训练。其随后被称之为"Buddha"，至少与塔布克分队共同执行了35次任务。然而，至今可以确定的是，该机并未使用任何 JP233 炸弹。

间凌晨 5 时，战争打响。军事计划制订者测算，在可接受的伤亡情况下，需要以 3：1 的压倒性优势来解放科威特。随即，强大的联军军事力量开始从防御态势转向进攻态势。

1990 年 8—9 月间被部署至该地区的大部分飞行员都被新人所替换，这些新人早已开始为迫近的战争开展准备工作。虽然英国皇家空军混合分队仍驻扎于指派给他们的基地，但陆续有新的指挥官前来报到。在此期间，所有的分队都不再根据其"归属"命名。这些分队的官方称谓发生了改变，比如，"'狂风'分遣队－塔布克"，这种称谓的使用一直持续到"格兰比"行动结束。

第三个 GR1"狂风"中队自 1990 年 11 月底开始准备部署，尽管部署的

先期命令直至 1990 年 12 月 31 日才下达。杰瑞·维茨中校担任第 31 中队指挥官，于 1991 年 1 月 2 日和 3 日领导了首批 6 架"狂风"战斗机的部署。该分队满员之时包括来自第 2、第 9、第 13、第 14、第 17 和第 31 中队的飞行人员。"狂风"战斗机在达兰与担任防空任务的飞机会合。担任防空任务的飞行员来自于第 29（战斗机）和第 43 中队，其指挥官（安迪·莫伊尔中校）于 1990 年 12 月 1 日上任。领导部署至穆哈拉克"狂风"战斗机中队的是第 15 中队指挥官

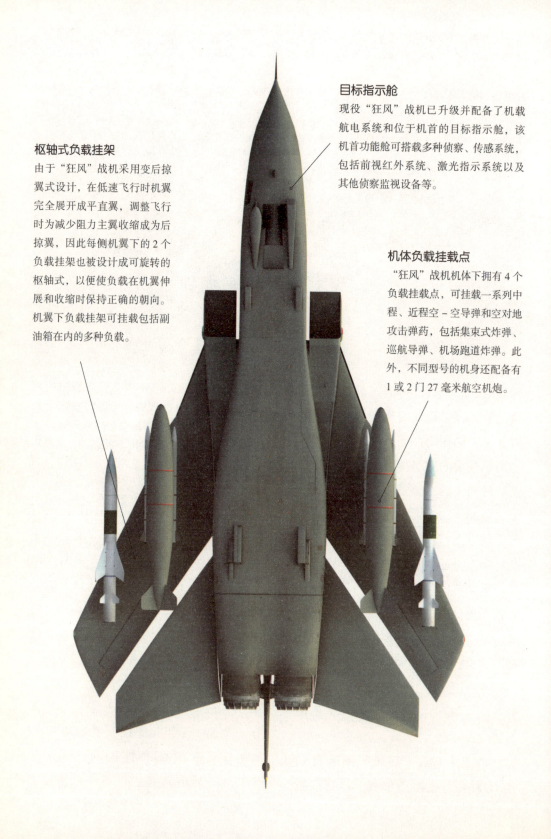

目标指示舱

现役"狂风"战机已升级并配备了机载航电系统和位于机首的目标指示舱,该机首功能舱可搭载多种侦察、传感系统,包括前视红外系统、激光指示系统以及其他侦察监视设备等。

枢轴式负载挂架

由于"狂风"战机采用变后掠翼式设计,在低速飞行时机翼完全展开成平直翼,调整飞行时为减少阻力主翼收缩成为后掠翼,因此每侧机翼下的 2 个负载挂架也被设计成可旋转的枢轴式,以便使负载在机翼伸展和收缩时保持正确的朝向。机翼下负载挂架可挂载包括副油箱在内的多种负载。

机体负载挂载点

"狂风"战机机体下拥有 4 个负载挂载点,可挂载一系列中程、近程空－空导弹和空对地攻击弹药,包括集束式炸弹、巡航导弹、机场跑道炸弹。此外,不同型号的机身还配备有 1 或 2 门 27 毫米航空机炮。

1 反装甲模式弹药挂载

1. 11 枚"硫磺石"近程空－地导弹
2. 4 枚 AIM-132"阿斯拉姆"近程空－空导弹

2 远程精确攻击模式弹药挂载

1. 2 枚 GBU-24GPS 制导炸弹
2. 2 具 1552 升容量副油箱
3. 1 具"蓝盾"目标指示吊舱

3 机场反跑道攻击模式弹药挂载

1. 4 枚 AIM-132"阿斯拉姆"近程空－空导弹
2. 2 具 1552 升容量副油箱
3. 2 具 JP233 空投弹药布撒器

4 防空压制模式弹药挂载

1. 5 枚 ALARM 空射反辐射导弹
2. 4 枚 AIM-132 "阿斯拉姆" 近程空 – 空导弹

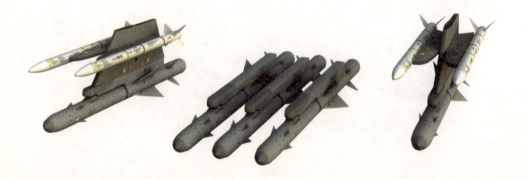

5 反舰攻击模式弹药挂载

1. 2 枚 "鸬鹚"（Kormoran）反舰导弹
2. 2 具 1552 升容量副油箱
3. 4 枚 AIM-132 "阿斯拉姆" 近程空 – 空导弹

6 多任务打击模式弹药挂载

1. 6 枚 "硫磺石" 近程空 – 地导弹
2. 4 枚 AIM-132 "阿斯拉姆" 近程空 – 空导弹
3. 4 枚 GBU-12GPS 制导炸弹
4. 1 具 "蓝盾" 目标指示吊舱

下图：图中"狂风"战斗机挂载着2枚"风暴阴影"巡航导弹、副油箱，以及用于防御的AIM-9"响尾蛇"近程红外空－空导弹。作为一款在空中不甚灵活的多用途战机，"狂风"更擅长执行攻击性任务，避免与对方空优战斗机接触是最好的选择，如果不幸在空中遭遇后一种情况，其挂载的近程格斗导弹至少仍有一击之力。

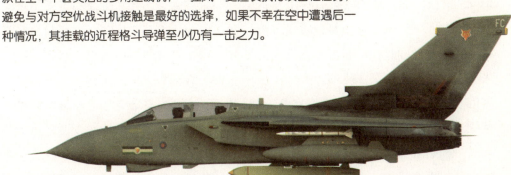

7　巡航导弹投射模式弹药挂载

1. 2枚"风暴阴影"巡航导弹
2. 4枚 AIM-132"阿斯拉姆"近程空－空导弹
3. 2具 1552 升容量副油箱

右图：图中照片摄制于20世纪90年代巴尔干战争期间，为一架德国国防军空军装备的"狂风"战机，它挂载着"哈姆"反辐射导弹，在南联盟领空执行防空压制任务，如果战机在空中遭到对方雷达跟踪和锁定，便可立即用挂载的反辐射导弹实施快速压制。

约翰·布劳登本特中校（飞行人员来自第 9、第 15、第 17、第 27、第 31 和第 617 中队），第 16 中队由特拉维斯·史密斯中校领导驻扎在塔布克（飞行人员来自第 2、第 9、第 13、第 14、第 16 和第 617 中队）。克里夫·斯宾克上校、戴维·亨德森上校以及比尔海吉斯上校在战争开始之初就担负了皇家空军各基地大队的指挥任务。比尔·瓦伦登空军少将被任命为空军指挥官以及英国中东地区部队副指挥官。

除了部署至海湾地区的"狂风"战斗机之外，布昌根和马厄姆"狂风"战斗机联队都保持了 4 架战机和 4 个机组的战备力量，以承担损毁补充之责。各

下图："狂风"战斗机平坦的机腹下一般携带 3 枚"宝石路"Ⅱ型激光制导炸弹。这样机翼下的横梁就可以挂载副油箱、"天空阴影"电子对抗吊舱和 Phimat 箔条撒布器。

基地隔周轮流执行战备任务。

除将普通轰炸机部署至海湾地区之外，皇家空军还部署了一定数量执行专门任务的"狂风"改进型飞机，其中有一部分在危机爆发之时就已部署在海湾地区，在所有部署完成之前就已被投入战斗。

入侵科威特事件发生两个月之后，英国宇航公司在加利福尼亚莫哈韦沙漠的美国海军空战中心完成了 ALARM 空射反辐射导弹的制造商试验。在第 32 联合试验部队的协助下，试验飞机 ZD708 随即参与了英国宇航公司/英国皇家空军第二阶段联合试验。国际形势要求试验加速进行，皇家空军也希望尽快实现某种程度的战斗能力，以便能将该武器部署至海湾地区。

虽然"格兰比"行动的开始使得计划匆匆进行了修改，但驻扎于皇家空军布昌根的第 9 中队作为第一支空射反辐射导弹分队早已开始行动。由麦克·赫斯中校领导的第 20 中队驻扎于拉赫布里茨，承担起了挑选大部分飞行人员的职责。这些飞行员将与空射反辐射导弹分队一同参与战争，随即开展了密集的训练。与皇家空军其他驻德国"狂风"战斗机中队一样，该分队飞行人员不得不在空中加油的情况下开展全新的训练科目。

驾驶携带空射反辐射导弹飞机的任

左图：一架来自马哈拉克的"狂风"战斗机成功执行轰炸任务后返航，另一架是其目标指示机，为装备"铺路钉"激光指示吊舱的"海盗"战斗机。后者在右机翼下有一个 AN/ALQ-101 电子对抗吊舱，左机翼下有 AIM-9 和"铺路钉"激光指示吊舱。在战争后期，"海盗"战斗机也携带激光制导炸弹。

务被自动指派给了第 9 中队，该中队随即被部署至塔布克空军基地。1990 年 10 月 23 日，从拉赫布里茨直接起飞的战机有 ZD747、ZD850 以及 ZD851。另外 3 架飞机（ZD748、ZD810 和 ZD893）经停阿克罗蒂里，于 1990 年 10 月 25 日抵达目的地。

尽管部署至海湾地区的命令已于 1990 年 8 月 8 日下达，但是 GR1A "狂风"战斗机红外侦察系统出现的问题推迟了其部署。GR1A 型战机刚刚问世不久，也是最近才进入空军服役。1990 年 1 月，仅有 8 架装备侦察设备的该型飞机配备到第 2 和第 13 中队。皇家空军技术人员和民事合同人员满负荷工作，才使由计算设施公司设计的所谓的"格兰比 2"升级方案运用在 6 架带有红外侦察系统

的 GR1A 飞机之上。此次升级提高了传感器可靠性，首批升级后的飞机于 1990 年 1 月 14 日抵达战区。来自第 2 和第 13 中队的 9 个机组由第 2 中队指挥官特拉戈尔德中校领导。

虽然这种飞机机构成了达兰 GR1 分队的一部分，但它们还是由位于利雅得的联军联合空战中心直接指挥。美国指挥员对使用 GR1A 的红外侦察能力特别感兴趣，这也证明了其红外能力极具价值。GR1A 的作用包括搜寻常规的军事和基础设施目标，开展攻击前和攻击后侦察任务，以及支援特种行动的情报搜集活动。

ALARM 导弹和侦察飞机在战争之前就被部署至海湾地区，但几架装备热成像机载激光指示器（TIALD）的改进

型"狂风"战斗机直至空战打响之后才进入海湾地区，并且发挥了重要作用，这在后面还要介绍。

暴风雨前的平静

由于伊拉克军队没有准备撤离科威特的迹象，联军战争计划即将付诸实施。1991年1月13日，联军空军的大部分战斗飞行任务骤然停止。在这段时间之内，依据战斗行动对飞行员任务进行了重新安排，支援人员也在进行战前最后的维修等活动。联合国设定的最终期限已到，但萨达姆对国际社会的持续挑衅，使其"大限"终究来临。

1991年1月16日傍晚，整个海湾地区的空军基地和联军飞行员得到关于"沙漠风暴"行动的简报。飞行员从保密的空中任务指令（每日一份，每份超过1000页，对联军空中行动有详细规定）中领取了各自任务。随即，"狂风"战斗机进入了战斗。

联军空军部队的首要任务之一就是阻止伊拉克空军在冲突中发挥作用——典型的防空作战。为了达成这一目标，首要任务就是阻止敌人使用其机场，将停放于坚固掩体中或分散停放的飞机摧毁。虽然多种型号的联军飞机参与了机场攻击行动，但英国皇家空军"狂风"战斗机承担了其主要部分。

空战开始

针对伊拉克大量机场使用的主要武器是亨廷公司JP233反跑道武器。JP233被成对携带于飞机腹部下。每枚JP233将释放60个SG357跑道破坏弹药，以及430个HB876区域拒止地雷，以对后续的维修行动构成牵制和威胁。这些弹药将从发射架垂直投放，投放高度可以为中空和低空（4600米），将对机场跑道或滑行道形成封锁。很明显的是，投

左图：图中飞机（第14中队 ZD744/BD）驻守在塔布克基地，与其他驻守于此的飞机一样，其机头部分被装饰成了可怕的鲨鱼嘴形象。飞机前端还被涂上了"Buddha"的中队名称。

上图：图中为驻守于塔布克基地的"狂风"战斗机，其鲨鱼嘴造型尚未完成，白色牙齿已初见端倪，口中的红黑色尚未成型。扩大的炸弹支架以及机身下的 3 枚激光制导炸弹表明该照片拍摄于战争后期。

送此类弹药将使飞机在进攻行动中暴露一定的薄弱环节，投放 JP233 的行动也被证明是战争中最危险的行动之一。然而，飞机损毁率却相对较低，甚至低于皇家空军的预期。不过，大众媒体报道了大部分飞机坠毁事件，并错误地暗示，皇家空军之所以后来转向中空行动是因为遭受了"极大的损毁率"。

1991 年 1 月 17 日，达兰分队的 4 架英国皇家空军战斗机和穆哈拉克的 8 架英国皇家空军战斗机是首批投入战斗的皇家空军"狂风"战斗机，这些飞机起飞重量不足 31 吨。每架飞机携带两个油箱以及两枚 JP233。飞行行动由其各自的分队指挥官指挥（维茨中校和布劳得本特中校）。这些飞机于当地时间凌晨 1 点前起飞，计划对塔里里（Tallil）

空军基地共同发动进攻。2 点 10 分，4 架塔布克"狂风"战斗机组成的第二波攻击队伍在特维斯·史密斯中校带领下升空，由 2 架携带空射反辐射导弹飞机护航，对阿尔阿萨德空军基地发动进攻。同时，由于穆哈拉克的第二波进攻队伍的起飞时间被推迟，所以对萨巴赫基地（实际上是鲁迈拉西南机场）的轰炸将在白天进行。ZD791 在返航途中坠毁，虽然弹射装置救了其飞行员和领航员（约翰·皮特斯中尉和阿德兰·尼古拉中尉）的性命，但这二人随后便成为伊拉克的战俘。官方称该飞机在幸运地躲过了防空炮袭击后,其携带的"响尾蛇"导弹爆炸,但有人认为ZD791的坠落是由于其自身携带的一枚炸弹所致。由于飞行员未能在攻击中释放该炸弹,返航途中丢弃时发生爆炸。

早期轰炸行动的标准程序为:参战飞机在低空向北飞行进入伊拉克空域之前,由皇家空军加油机(Victor k2 或者 VC–10 K2/3)在沙特阿拉伯北部上空对飞机进行加油。飞行员在飞机自动驾驶仪/地形追踪雷达集成系统上选择"困难"模式,可以最大限度地利用地形躲避敌方雷达。参与攻击的4架飞机飞

下图:1991年1月初,在配备ALARM导弹的"狂风"战斗机外侧机身下部挂点上安装了导弹发射架,使得机翼下方的油箱被移至舱内后翼位置。

行时采用方阵编队,每架飞机之间相隔2～4海里。各机组分别负责其飞机的导航,飞行途中实施严格的无线电静默,且保持导航灯熄灭。

飞机在接近目标关闭加力燃烧室之前,将加力燃烧室调至最高使速度升至600节。这为"狂风"战斗机提供了足够的惯性使其在不重新加热的情况下飞越高风险的萨姆导弹有效射程范围。固定和肩扛式萨姆导弹在重型防空炮的支援下,可以在空中形成可怕的追踪火力。4机攻击编队中的1架或2架飞机通常携带有454千克炸弹,以开展"牵制性"空投或直接低空打击炮兵阵地以及基地的其他基础设施。在大部分情况下,这种战术是成功的,当携带JP233的飞机向机场跑道和滑行道投放炸弹之时,其所受火力会被牵制一部分。飞机座舱内

听到的炸弹爆炸的声音非常清晰，有点像机枪发射的声音，或是像在牧场栅栏上加速驶过的声音。在空弹筒自动脱落时，机身会有明显震动，整个过程仅仅持续6秒时间。

战争开始的当天，联军还实施了另外2个波次的JP233攻击。塔布克分队派遣了4架飞机在拂晓之前攻击了位于阿尔塔库达姆的机场，并打击了相关目标。大约在相同的时间，从达兰和穆哈拉克起飞的飞机也攻击了鲁迈拉机场。当天夜间，塔布克分队又派遣了8架飞机（呼号分别为Dundee 21-28）对阿尔阿萨德实施了空袭，但其中2架飞机提前返航。攻击后对目标实施的侦察证明了所有这些攻击达到近乎完美的效果，JP233弹药在飞机跑道和滑行道上炸出了很多大坑，这样敌方飞机就无法升空。能够起飞的伊拉克飞机不是被联军击落就是逃往伊朗提供的相对安全的避难处。穆哈拉克分队还派遣了4架飞机前往乌贝达空军基地，其中一架飞机在遭受了严重的机鸟相撞之后安全返回机

上图：图中飞机来自第9中队。在起飞后遭遇了严重的控制问题，皮特·巴特森少校和麦克·赫斯中校不得不放弃该飞机。

场。该中队还派遣了4架飞机进攻萨巴赫，其中ZA392在成功完成进攻行动之后坠毁（飞行员是第27中队指挥官埃尔斯顿中校和领航员马克思·克里尔中尉，两人都阵亡）。官方报道将此次坠毁的原因归结于被近程萨姆导弹击中，可能是欧洲导弹公司生产的一枚罗兰德导弹。埃尔斯顿中校是战争中联军牺牲的军衔最高的军官。

右图：首次部署之时，皇家空军可发射ALARM导弹的"狂风"战斗机仅能在其机翼下携带2枚导弹，还须将机身下的油箱移除。共有9架"狂风"战斗机（抽调于第9中队）被部署，但都是由匆匆受训的飞行员（来自第20中队）驾驶。

在英国皇家空军开展的所有 JP233 攻击行动中,仅有 1 次未能击中目标。1991 年 1 月 18 日上午,驻扎于塔布克的 4 架飞机(呼号 Lincoln 01/04)受命打击位于伊拉克西部的 H-3 大型机场。其中一架飞机遭遇技术故障,未能进一步参与行动。虽然联军在几小时前就对防空武器实施了打击,但防空火力仍旧十分活跃,因此虽然另外 3 架飞机发起了进攻,但并未对目标造成严重影响。进攻指挥官考虑到由于一架飞机返航降低了 JP233 攻击能力,也不敢贸然对这个严阵以待的目标实施预期效果并理想地进攻。

1991 年 1 月 18 日和 19 日,塔布克分队遂行了其最后一次 JP233 攻击行动,对 H-2 机场实施打击。同时,达兰和穆哈拉克分队则实施了另外 24 小时的 JP233 机场攻击行动。1991 年 1 月 19—20 日,这次最后行动任务之一为针对塔里里机场的 8 机进攻,由穆哈拉克分队执行。首批 4 架飞机各携带了 4 枚 454 千克空爆引信炸弹,以打击各类机场目标,为 1 分钟后携带 JP233 的飞机进入"扫清"了通道。由戴维·瓦丁顿上尉和罗伯特·斯图亚特上尉驾驶的"狂风"战斗机 ZA396 是首批 4 架"狂风"战斗机之一,后被欧洲导弹公司生产的罗兰德萨姆导弹击中。其两名飞行员在安全弹射后被伊拉克军队抓获。

虽然遭受了挫折,但皇家空军人员的士气仍旧继续高涨。普遍乐观的气氛可以在对飞机"前卫艺术"的追求中以及为其各自的飞机取绰号这些现象中得到反映。在一些崭露头角的"艺术家"(大部分是具备艺术天分的狂热地勤人员)的努力下,许多"狂风"战斗机机身上都充斥着艺术作品和各式绰号。穆

下图:图中装配 ALARM 导弹的飞机展示了"沙漠风暴"行动中的标准武器配置。尽管英国宇航公司洛斯托克工厂夜以继日地生产 ALARM 导弹,但海湾战争几乎耗尽了皇家空军所有该型导弹。

哈拉克分队大部分"狂风"战斗机左舷上都活跃着"前卫艺术",而其右舷上则印了"史努比"航线和"特瑞非德"航线的名称。塔布克分队则在其多架飞机上喷涂了鲨鱼嘴造型。

据统计,战争中,"狂风"战斗机总共投放了 96 枚 JP233 炸弹,穆哈拉克分队投下了其中的 50 枚,塔布克分队投下了 32 枚,而达兰分队则投下了 14 枚。

首次敌方防空压制

1991 年 1 月 17 日,塔布克分队对阿尔·阿萨德空军基地实施了首次 JP233 空袭,揭开了英国皇家空军敌方防空压制行动的序幕。在攻击飞机离开塔布克 1 小时之后,洛基和贝拉米中尉(ZD810),威廉姆斯和歌德雅德中尉(ZD850)驾驶装配有空射反辐射导弹的飞机离开塔布克机场。由于所搭载的 3 个空射反辐射导弹重量很轻,这些飞机可以直接飞向目标区域而无须在途中加油。当地时间 3 时 50 分,空袭 5 分

右图:皇家空军侦察型"狂风"战斗机几乎都是清一色的涂装,其中仅有一架飞机在机身喷上了名字,此外没有任何飞机有过"机头艺术"装饰,由于仅在夜间行动,因此这种飞机几乎没有留下什么照片。在飞行行动中,该型飞机通常携带"兴登堡"机翼下油箱,有时在机身下部还额外携带小油箱。

上图:对于后期满载 ALARM 导弹的发射行动,在公开发行的图片中已很难觅其踪影,尽管它所携带的武器装备是战争中的标准配置。图中是部署的 9 架飞机中的 1 架,可以看出,位于机身下方有 3 个发射架,各携带 1 枚 ALARM 导弹。

钟之前,2 架携带空射反辐射导弹的飞机发射了空射反辐射导弹。导弹直接进入其预定的"巡飞"模式,等待任何保护阿尔·阿萨德机场的搜索和火控雷达开机。

1991 年 1 月 17 日夜间,在第二次空射反辐射导弹任务中,4 架"狂风"(呼号 Stamford 51-54)支援了联军对 H-3

机场的联合空袭行动。行动中"狂风"首先出动，发射了 ALARM 导弹，使其进入"巡飞"模式，然后轰炸机发动进攻，这也成为整个战争中的常规行动程序。伊拉克雷达操作人员很快意识到过度使用雷达将使其暴露出过多薄弱点，更易受到敌方防空压制行动的威胁。因此，其火控雷达仅在导弹发射之时才使用，所以其萨姆导弹在后续飞行中无法获得更新的引导信息。

ALARM 导弹与当时的反辐射导弹不一样，可以预先编程，并可在任务过程中选择威胁程度最高的目标。任何导弹都可以选取其特定的目标，对更有威胁的武器实施打击。不过，ALARM 导弹的部署比较仓促，这就意味着其能力

上图：虽然"狂风"战斗机能够找到轰炸的间隙，但厚厚的云层和频繁的沙尘暴使得许多投放激光制导炸弹的飞行任务被取消。在这样的天气中，联军的许多其他武器只能待在基地内。

并未得到验证。的确，在"沙漠风暴"行动之前，该型导弹仅仅打击过一次活动的雷达（在加利福尼亚州中国湖射击场）。

1991 年 1 月 20 日，一架可发射 ALARM 导弹的"狂风"战斗机在非战斗状态下坠毁。由皮特·巴特森少校和麦克·赫斯中校驾驶的 ZD893（呼号 Stamford 11，携带 454 千克级炸弹）被指定为 8 机编队的长机，对塔卡度姆（Al Taquaddum）空军基地实施攻击。从塔布克起飞后不久，飞机就遇到了控制问

题，为了解决这个问题，机组人员努力了 80 分钟。在两次迫降努力失败之后，领航员赫斯选择放弃该架飞机，两名飞行员随即被弹射出来，受了轻伤。

虽然损失了一架反辐射飞机，但整个部队受到的影响却不大。从 1991 年 1 月 21 日开始，中队采用了修改后的程序，将常规打击力量的 ALARM 导弹支援飞机从 4 架降低到了 2 架。其原因不仅仅是对伊拉克雷达实现了成功压制，还因为这种新式导弹的库存下降太快。后来飞机一次只装备 2 枚导弹（通常在机翼的内部挂点）稍微缓解了库存不足的问题。1991 年 1 月 21 日，4 架飞机执行了最后一次 ALARM 导弹发射任务，为美国空军第 4 战术战斗机联队 F–15E "攻击鹰" 空袭阿尔奎姆 "飞毛腿" 仓库提供了支援。

另外 3 架可以执行 ALARM 导弹发射任务的 "狂风" 战斗机于 1991 年 1 月 24 日抵达海湾地区，包括对 1 架在 4 天前坠毁的飞机的替换机。这就使得可用的该型飞机数量达到了 8 架。整个战争中最后一次 ALARM 导弹发射行动发生于 1991 年 2 月 13 日。此次行动中，ZD851 和 ZD748（呼号 Dundee 21/22）为针对塔卡杜姆空军基地的加固机库设施的中空打击提供了支援。

此次计划于 1991 年 2 月 26 日早晨

上图：塔布克分队 "狂风" 战斗机正在滑行，准备执行任务。一般是两架轰炸机之后紧随一架装备 "铺路钉" 热成像机载激光指示器的 "狂风" 战斗机。驻守于达兰和穆哈拉克的 "狂风" 战斗机则倾向于使用 "海盗" 战斗机作为激光指示器平台。塔布克飞机则依赖于 5 架装备有热成像机载激光指示器的 "狂风" 战斗机。

开始，但天气原因使得所有参与此次行动的飞机又返回了塔布克。

在整个战争中，总共执行了 48 架次发射 ALARM 导弹的飞行任务（24 次任务）。在飞行途中，另外 4 架次被取消。行动共发射了 121 枚 ALARM 导弹，但究竟有多少摧毁了目标就难以估算了。

"飞毛腿搜索者"

对于 "沙漠风暴" 行动的规划者来说，伊拉克移动 "飞毛腿" 导弹发射车所构成的威胁使他们如鲠在喉。尽管较

上图：第31中队飞行员穿着干净的战斗服（部队徽章和勋章已被摘掉）和重力衣，在达兰基地听取任务简报。大多数飞行员选择在任务中穿上沙漠色彩的飞行服，也有一些穿着标准配发的深绿色飞行服。

之于现代武器，该型地对地导弹的威力并不大，但萨达姆·侯赛因仍能利用"飞毛腿"对联军和其东道国实施生化打击。更重要的，如果伊拉克威胁要攻击以色列，会让这个犹太国家参与到打击伊拉克的战争中，这样会对反伊同盟内部的团结造成严重影响。因此，在优先打击的目标中，"飞毛腿"导弹总是位于清单前列。但是，要想发现它们绝不是一件简单的事情。

伊拉克西部宽广且寸草不生的沙漠地表是隐藏"飞毛腿"导弹发射车和发射"飞毛腿"导弹的理想场地。尽管特种部队和其他情报机构做出了巨大的努力，希望找出这些地点，然而"飞毛腿"

发射车队可以在很短的时间内架设并发射"飞毛腿"，并在极短的时间内再次疏散。幸运的是，联军中有一种飞机十分适合执行寻找"飞毛腿"及其发射设施的任务。这就是GR1A"狂风"战斗机，因此"搜索飞毛腿"就成了该分队最为重要的任务。

1991年1月17日至18日夜间，驻扎于达兰基地承担侦察任务的"狂风"战斗机首次执行了战斗飞行任务。由舍尔德·戈尔德中校和蒂姆·罗宾森上尉领导的3架飞机在伊拉克西部开始了其首次"搜索飞毛腿"的任务。在飞往搜索区域的途中，舍尔德·戈尔德的飞机由于油料耗尽不得不前往沙特阿拉伯北部的哈立德国王军事基地加油。剩下的2架飞机是ZA400，由来自第2中队的迪克·戈武德少校和约翰·希尔少校驾驶，而ZA371由第13中队的布莱恩·罗宾森上尉和戈登·沃克尔上尉驾驶，他们成功地找出了移动"飞毛腿"导弹的位置。虽然目标区域内的恶劣天气阻碍了联军发动空袭，但在极短的时间内"狂风"再次发现变换了位置的"飞毛腿"，并利用导弹对其实施了打击。

此次任务成功展现了GR1A的能力，该型飞机在整个战争中取得了巨大的成功。除了"搜索飞毛腿"任务之外，该飞机还被赋予了一些其他任务，如侦察伊拉克军队集结点的任务，并在其中搜寻关键目标的红外特征，在常规光学设备受到天气限制之时开展侦察行动。此外，该型飞机还承担了特种部队支援任务，主要是对英国陆军特别空勤分队提供了有关"感兴趣地区"的大量最新信息。根据这些搜集到的情报，可以将大量目标列入轰炸的每日目标清单之中。在某些情况下，特种部队对关键目标提供激光指示，以保证空袭能达到最大的损毁效果。

在为联军地面进攻进行的准备工作中，GR1A也承担了任务。联军部队最高指挥官诺曼·斯瓦茨科夫将军和美国中央司令部司令计划通过他们所谓的"万福玛丽"（Hail Mary）机动突破伊拉克防线。联军的装甲师从沙特阿拉伯进入伊拉克，且推进纵深比伊拉克军队的预想要深得多。精心策划的欺骗计划为此次突破行动提供了很多便利。当联军两栖部队接近科威特海岸之时，虚假的无线电通信（模拟坦克集结）在沙特与科威特边境游荡，意在使伊拉克军队偷听到虚拟无线电。"狂风"战斗机开展的红外侦察使得地面指挥官明确了可能阻碍部队推进的布雷区和其他关键的障碍设施。

自1991年1月17日—18日首次任务开始，GR1A飞机在随后战争中的每个夜晚都十分活跃。它们只在夜间执行任务，通常是在拂晓前降落。在缺乏加油机支援的时候，它们通常携带4个油箱飞行：2个ADV型"兴登堡"机翼下油箱，2个位于机身腹部下方的小油箱。

1991年2月28日凌晨，GR1A返回并降落于达兰基地，结束其最后一次任务，飞机前后共完成137架次飞行，其中有33次任务在前往目标区域的途中被取消。

改变战术

伊拉克主要机场的跑道和滑行道被

下图：达兰基地的一架"狂风"战斗机的倒影在水中闪闪发光——该场景即使1月份在沙特阿拉伯也十分少见。飞机在其机身下方携带2枚激光制导炸弹，每枚激光制导炸弹上都有地勤人员和军械士所涂写的标语。

上图：1月底，为"狂风"战斗机喷涂沙漠色彩油漆的工作接近尾声。在大部分空战中，"狂风"战斗机如同炸弹运输机一样飞行，携带激光制导炸弹在中空飞行接近其目标，由很多专门的"主攻手"支援。

破坏之后，也就没有什么必要继续使用JP233开展耗费较大的进攻了。最后一次使用该武器开展进攻的时间为1991年1月18日，3个狂风战机分遣队换用454千克级的航空炸弹，破坏军用地点的基础设施目标。尽管伊拉克雷达"失明"，但这些目标周围顽强的近距离防御也继续构成了一定的问题。塔布克分队在1991年1月22日，针对亚鲁特巴（Ar Rutbah）防空作战中心进行了一次8机"高空攻击"。虽然有3架飞机在途中因故未能参与攻击，行动仍旧继续实施。呼号为"Stamford 01"的长机由第16中队的格里·雷洛克斯中校和保尔·威克斯中校所驾驶。该飞机在目标

区域上空被防空炮击落，机组人员阵亡。次日，达兰分队遭遇了其唯一的一次战机损毁。ZA403的一枚炸弹过早爆炸，导致该飞机坠毁。飞行员西蒙·布杰斯中尉和保尔·安克尔森少校被弹射出机舱，随后被伊拉克军队抓获。讽刺的是，这是狂风战机首次在中空损毁，证明了中空战术并不完全是万能药。

在行动中，共有5架"狂风"战斗机损毁（不包括麦克·赫斯的飞机），占到了联军飞机损毁总数的26%。"狂风"战斗机的损毁率为其总数的4%。对于新闻媒体来说，这凸显了采用中空轰炸战术的必要性，在面对萨姆导弹和防空炮的时候，可以给飞行员更大的安全空间。

实际上，损毁率仅仅反映了"狂风"战斗机参与作战行动的频繁程度，以及其所执行任务的危险性。伊拉克空军没能参与战争，使得中空相对安全。此外，目标性质的改变也有利于中空作战。然而，这并没有使英国皇家空军放弃对低空战术的倚重。伊拉克战斗机缺席、敌方防空压制行动有效降低了萨姆导弹的威胁，以及目标的性质等因素，都使得"格兰比"行动成为一个独一无二且非标准的行动。

不过，在4600米上空飞行，飞机会遇到一系列问题。实际上，"狂风"

战斗机的武器系统及其携带的武器都适合于低空攻击，此外，对飞行员的训练也侧重于在超低空作战。提高飞机飞行高度后，势必需要对飞机瞄准计算机的软件进行一定的修改，以便在攻击角度上有更多选择。这就需要对雷达导航和预警接收器（RHWR）重新编程，机翼上还需加挂通用电气公司"天空阴影"电子对抗吊舱以应对新威胁。萨姆导弹，如萨姆2型导弹，对于低空飞行的目标没有什么实质威胁，而对于在较高空域飞行的目标来说威胁就较大。

1991年1月22日，塔布克分队开展了其首次中空飞行任务。8架"狂风"战斗机（呼号Dundee 01-08，但02机出现故障）接到命令，携带454千克级炸弹对位于库倍萨（Qubaysah）的弹药库进行打击。2架携带ALARM导弹的飞机承担支援任务。1991年1月23—24日，穆哈拉克分队也动用了8架飞机采取行动，对穆达西斯（Mudaysis）空军基地的雷达实施了直接的水平轰炸。在同一个夜晚，达兰基地的"狂风"战斗机开展了一次针对亚鲁迈拉（Ar Rumaylah）空军基地的8机攻击行动。

在该任务中，ZA403被击落。1月24日，另外一架"狂风"战斗机（穆哈拉克分队的ZD843）也差点被击落。这架飞机侥幸躲过了一枚萨姆导弹，损毁

严重，机组人员惊魂未定，飞回达兰基地实施了紧急迫降。

"狂风"战斗机的设计决定其最适合用来执行低空任务，因此缺乏中空任务所需的准备，特别是当其满载武器之时。（保罗·杰克森当时写道，"狂风"战斗机执行中空任务有如鸭子学计数一样滑稽。）因此，仍需要对战术进行修正以弥补该飞机的缺陷。

为使"狂风"战斗机在较高高空具备更好的战斗性能，武器载荷从8枚454千克级炸弹降低为5枚454千克级炸弹。尽管有计算机的校正，打击精度仍然是一个问题。提高瞄准精度的一个方法是俯冲轰炸。该方法在1991年2月

下图：目标上空的恶劣天气经常使得"狂风"战斗机携带武器无功而返。图中驻扎于达兰基地的飞机在一次长途任务之后，遗憾地无功而返。所以，飞行员就不得不执行其他任务，也许第二天又有飞行员从同样的目标铩羽而归。

上图：这幅照片摄于战争末期，他们是"狂风"分队的部分指挥官。从左至右分别为：阿尔·舍尔德高德中校（第2中队指挥官，负责指挥驻守于达兰基地的侦察分队）、杰瑞·维茨中校（第31中队指挥官，指挥驻守于达兰基地的轰炸机分队）、比尔·库柏中校（"海盗"中队指挥官）、鲍勃·伊文森中校（第617中队指挥官，负责指挥热成像机载激光制导系统飞机）、约翰·布劳得本特中校（第XV中队指挥官，指挥驻扎于穆哈拉克的海盗轰炸机）、麦克·赫斯中校（第20中队指挥官，指挥空射反辐射导弹飞机）、艾瓦尔·伊万中校（第9中队指挥官）以及特维斯·史密斯中校（第16中队指挥官，负责指挥驻守于塔布克基地的轰炸机）。

11日穆哈拉克分队"狂风"战斗机攻击位于科威特城西部阿尔贾拉军营的行动中得到首次应用。中空飞行时，机场（特别是坚硬的机库设施）仍旧是"狂风"战斗机的主要目标。不过，石油设施、石化工厂、产油点、军营、弹药库和雷达设施也都成为攻击对象。在典型的俯冲攻击中，飞行员使飞机在7300米的高空翻滚，并将飞机从水平状态调整为俯冲角为30°的状态，使目标出现在其平视显示仪之中。该程序的目的是使飞机保持一种正重力负荷。俯冲完成之后，飞行员将飞机拉升为垂直状态。在大约4900米的高度（仍处于防空炮和萨姆-8型导弹的射程之外），领航员利用机载计算机发射武器，这样可以取得最优打击效果。实际上，对于中空打击精度问题，最好的解决办法是使用精确制导武器和瞄准系统。

在当时，虽然"宝石路"Ⅱ型激光制导炸弹已迅速成为"狂风"战斗机的一件重要武器，但仅有第20中队使用过这种系统。皇家空军"宝石路"Ⅱ型系统是在标准的英国454千克级炸弹上配备得克萨斯仪器公司CPU-123B"宝石路"Ⅱ型激光弹头和尾部。1990年年初，第20中队与第237作战转换部队的"海盗"S2B演练了激光制导炸弹的投放。担负激光制导任务的"海盗"战斗机使用AN/AVQ-23E"铺路钉"激光指示器，作战转换部队在战争中为装备"宝石路"Ⅱ型的"狂风"战斗机提供激光指示。在很长一段时间内，通用电气公司都在忙于开发可供"狂风"战斗机使用的热成像机载激光指示器吊舱，便于该飞机能够自行引导激光制导炸弹展开轰炸行动。

随着"狂风"战斗机开始逐渐转向执行中空任务，海湾地区的"狂风"战斗机对"宝石路"Ⅱ型系统明显有了紧迫需求，这也使得对机载指示能力的需求同样迫切起来。1991年1月23日，皇家空军露西茅斯基地收到请求，需要尽快将6架"海盗"战斗机投入战斗使用。第一架"海盗"于1991年1月26日晚些时候抵达穆哈拉克，相关工作于第二天展开。

1991年2月2日，2架"海盗"飞机与4架驻守于穆哈拉克的"狂风"战斗机（各携带3枚激光制导炸弹）一起执行了首次任务。贝尔法斯特31（Belfast 31）编队的目标是一座道路桥梁，该桥梁位于塞马沃城北部，横贯幼发拉底河。每架"海盗"飞机为2架"狂风"战斗机指示目标，其轰炸方法是，"狂风"战斗机投放武器之后调头离开，随即"海盗"飞机跟进，盘旋于目标上空，使目标处于AN/AVQ-23E"铺路钉"的视野区域内。在激光制导炸弹的飞行途中（持续时间为40秒），"海盗"飞机领航员可以照亮目标的任何点。在首次投放的12枚炸弹中，有9枚直接击中目标（其中一枚未能爆炸）；对于摧毁桥梁的中心跨梁来说，损毁力度是足够的。

1991年2月2日至8日，穆哈拉克基地的"海盗"分队接收另外6架该型飞机，此后，穆哈拉克分队开始注重日间激光制导炸弹攻击。从1991年2月5日起，达兰基地也开始按照同样方法

下图：ZD848/BC绰号"百加得可乐"（Bacardi and Coke），正平稳飞行于伊拉克南部上空，该机是参与热成像机载激光制导系统加速项目接受改装的5架"狂风"战斗机之一（后来被部署至海湾地区）。图中，我们可以看到飞机所携带的两个热成像机载激光制导系统吊舱中的一个，其中一个是试验设备，另一个作为备件。

上图：同一架飞机在结束上述任务后停在塔布克的机场内，昂贵的 TIALD 吊舱的传感头被遮盖起来，地勤人员仍须为其添加另一个任务标志：一束激光"火花"。

实施攻击。直至 1991 年 2 月 13 日，桥梁一直都是主要的攻击目标。针对道路桥梁的最后一次任务是对费卢杰的道路桥实施攻击。在此阶段中，共有 24 座桥梁被"海盗"/"狂风"战斗机投下的 169 枚激光制导炸弹摧毁。此后，加固机库成为英国皇家空军空袭的主要目标，伊拉克空军所有的加固机库几乎都被摧毁。由于联军部队准备打击伊拉克地面部队，这些掩体（从 1991 年 2 月

16 日开始）对于消除伊拉克军队空中生化突然袭击的危险就十分重要。大部分激光制导炸弹攻击都十分成功，尽管由于天气原因，有 25% 的轰炸行动在目标上空被取消。

在这一阶段行动中，一架"狂风"战斗机于 1991 年 2 月 14 日坠毁，这也是皇家空军遭受的最后一次战斗损伤。在一次穆哈拉克分队由"海盗"飞机引导对塔卡度姆机场的进攻中，2 枚萨姆导弹（SA-2"盖德莱"或者 SA-3"果阿"）击中了 GR1 ZD717。飞行员鲁佩特·克拉克上尉虽被弹射免于一死，但随后成为战俘，领航员斯蒂文·希克斯上尉随

飞机坠毁而阵亡。因此,相对安全的中空也使得人们有所担忧。飞机在飞行编队中被击落,现在回想起来,由4架"海盗"和8架"狂风"组成的这样一个编队对一个机场的掩体实施攻击,着实太大、太笨拙、太脆弱。某些报道称,12架飞机的巨大轰鸣足以将萨姆导弹预警的声音淹没。

战争结束之时,"海盗"飞机总共指示了619枚激光制导炸弹的投放。其中288枚由达兰分队投放,283枚由穆哈拉克分队投放,其余48枚由"海盗"飞机投放。在实施激光制导炸弹轰炸任务之前和任务期间,所有三个狂风分队都投放了大量454千克级炸弹:穆哈拉克分队排在首位,其飞机投放了1700枚;塔布克其次,投放了1451枚;排在最后的是达兰分队,投放了1045枚。

热成像机载激光指示器(TIALD) ——从试验平台走向战争

少量装备有"铺路钉"的"海盗"飞机要应对3个"狂风"轰炸机分队对激光指示能力的需求是远远不够的。通

用–费兰蒂公司TIALD吊舱已被证明可以发挥巨大的潜在作用,不过该设备还处于开发的早期阶段。尽管如此,通用电气公司与国防研究局仍创造了奇迹,使得两个TIALD吊舱被部署至海湾地区,为战争增添了一次难以置信的战例。

位于范堡罗的皇家空军基地使用"夜莺""海盗"战斗机(XV344),在1990年12月10日完成了为期3年、经历5个阶段、飞行116架次的TIALD系统初期试验。由"海盗"战斗机指示目标,第13中队的"狂风"战斗机使用"宝石路"Ⅱ型炸弹击中目标,使试验达到了高潮。在试验的同时,制造商和国防部开始了TIALD系统加速项目,旨在使少量部署的"狂风"战斗机具备携带TIALD吊舱的能力,为参加"格兰比"行动的"狂风"战斗机提供自动的昼夜目标指示能力。

要让TIALD系统投入使用还需要

右图:图中,意大利"狂风"战斗机携带标准的"卢卡斯"行动武器配置,机身下方是4枚Mk 83 GP炸弹。意大利空军14架该型飞机部署在阿布扎比宰夫拉军用机场。

上图：一架意大利"狂风"战斗机执行轰炸任务后在返航途中，等待从美国空军 KC-135 型加油机处加油。意大利"狂风"战斗机有时也在其自己加油机的支援下飞行，这种加油机就是配备了伙伴加油吊舱的"狂风"战斗机。

重写战斗飞行程序软件，英国宇航公司起初预计软件重写须耗时 6 个月，但通用 – 费兰蒂公司与其分包商 EASAMS 公司在 6 个星期内就完成了任务。在承包商、皇家空军、皇家航空研究中心和飞机与武器装备研究局等各方召开了一系列圆满的会议之后，11 月 19 日（第 1 天）各方签署合同，"阿尔伯特"项目于 1990 年 11 月 30 日正式启动。

5 架经"格兰比"项目改进过的 GR1"狂风"战斗机（ZA393、ZA406、ZD739、ZD844 和 ZD848）从布吕根被转移至汉宁顿，开始安装必要的电缆和座舱改造设备，在飞行前，使用了范堡罗提供的控制面板，博斯坎普城的飞机与武器装备研究局最后进行了整机测试。1991 年 1 月 14 日（第 27 天），通用 – 费兰蒂公司将首批两套吊舱设备交付至博斯坎普城的飞机与武器装备研究局。4 天后进行了首次"狂风"战斗机 / TIALD 系统综合试验。攻击 / 打击作战

评估部队的飞行机组与第 617 中队的 2 个飞行机组（包括鲍勃·伊文森中校）以及 4 个来自第 13 中队的飞行机组（于 1991 年 1 月 20 日至 23 日陆续抵达博斯坎普城）合作（并最终将试验移交给这两个中队），进行了这些最初的试验飞行。首次激光指示飞行于 1991 年 1 月 30 日进行。1991 年 2 月 2 日（第 46 天），首次实弹投放了激光制导炸弹。1991 年 2 月 6 日，试验结束（第 50 天），随即 5 架飞机中的 4 架被派遣至海湾地区。至此，预计需要两年完成的"阿尔伯特"项目被压缩在 6 个星期内完成，这是对所有参与该工程的工作人员的赞誉。

由于战区对 TIALD 系统需求迫切，这 4 架飞机于 1991 年 2 月 6 日直接飞

往塔布克。英国皇家空军"大力神"运输机将两套TIALD吊舱送往战区,通用－费兰蒂公司的志愿者一同前往。大部分皇家空军飞机展示"机头艺术"是海湾战争的一个潮流,不久,这两个TIALD吊舱也被分别命名为"桑德拉"和"特雷西",相关的"艺术作品"(取自于英国成人漫画家Viz)也被涂抹在了吊舱上。

在伊文森中校领导下,6个机组组成了塔布克分队的"TIALD飞行小组"。2架"狂风"战斗机——ZD739和ZD844(Dundee 40/41)分别由伊文森和查理斯·布吉斯上尉,以及格里斯·沃克尔上尉和艾德林·弗罗斯特上尉驾驶,于1991年2月7日进行了首次TIALD飞行,以熟悉战区情况。次日,2架装备有TIALD的飞机(还是ZD739和ZD844),以及2架携带激光制导炸弹的标准型GR1飞机(ZD810和ZD851)在沙特巴蒂尔射击场展开了实弹演练任务。

又经过了2次训练飞行之后,伊文森驾驶着装备TIALD的飞机进入战斗。1991年2月10日,两支编队每队各3架"狂风"战斗机(呼号Lincoln 71/73和Lincoln 77/79)起飞,针对H-3机场实施打击。每个编队都包含1架装备有TIALD的飞机,并由2架"轰炸机"陪伴,位置靠后的"轰炸机"携带3枚"宝石路"Ⅱ型激光制导炸弹。伊文森和布

吉斯驾驶第1编队的ZD848飞机,不久便遭遇了设备故障。于是,与ZD848配合的轰炸机不得不在没有激光指示的情况下"盲目"投下了其武器。沃克尔和弗罗斯特驾驶的ZD739则成功地为GR1 ZA447和ZA748飞机的炸弹进行了激光指示,摧毁了2个停机棚。就在同一天,联军还成功实施了另外一次打击H-3机场的任务。1991年2月11日,又成功实施两次同类任务。

大部分TIALD任务都是针对机场,主要是攻击机场掩体和飞行员会议室,此外还有跑道交叉点。其中一些任务还攻击了弹药库、油料储存区和桥梁。通常情况下,"TIALD飞行小组"分3组各2架飞机遂行TIALD任务,以打击3个不同的目标。1991年2月19日的效果也许最为轰动,里格·摩根少校和哈里·哈尔格瑞弗斯上尉驾驶ZD848(呼号Halifax 03)在第一波攻击中,对乌德贝·本·贾拉(Ubaydah bin al Jarrah)的弹药库和油料库实施了打击。二次爆炸引发的浓烟窜至4600米的高空,形成了经典的"蘑菇云",使得媒体将其误报为核爆炸。

执行TIALD任务时,通常包括2架目标指示飞机,各由2架轰炸机伴随,第3架TIALD飞机则作为备用机。这就意味着2套TIALD舱需要为其各自的2

架轰炸机服务，并不断转换服务对象。
TIALD 攻击的常规程序为：目标指示飞
机首先在雷达上确定在 20 ~ 25 海里外
的目标，TIALD 随即转由雷达控制。通
常在离目标 15 海里之外的地方选择比较
精确的作战视野，领航员要确认 TIALD
追踪的目标正确。指示飞机在 2 架轰炸
机上方（高于 6100 米的高空）飞行，
在离目标 4 海里远的地方开始盘旋飞行，
随即 TIALD 吊舱被置于自动追踪模式，
将激光保持在将要打击的目标之上。领
航员密切监视激光，在必要情况下利用
其手动控制器修正瞄准点。激光引导每
批炸弹需维持 30 秒时间。第 2 批炸弹
投下后，领航员迅速回转搜索器以瞄准
第 2 个目标。在极少数情况下，TIALD
飞机在其右舷机身下方发射架上携带一
枚激光制导炸弹，并为自己指示目标。

上图：穆哈拉克基地内，为了使飞机躲避恶毒
的阳光，并使机舱保持凉爽战斗间隙的"狂风"
战斗机，在大型的开放式停机棚中休整。随后，
在两架飞机之间建立了坚固的防爆墙。

另外 4 个机组（有 2 个来自于第 16
中队，其余 2 个分别来自于第 2 和第 14
中队）加入了原有 6 机组飞行员的行列。
1991 年 2 月 20 日，第 5 架 TIALD 飞机
ZA406 从英国抵达战区。因此，2 个机
组飞行员组成一班，总共有 5 班飞行员
轮流执行任务。每班在享受"日间休息"
之前，轮流飞行一昼夜。1991 年 2 月
20 日至 21 日，目标区域上空恶劣的天
气对行动造成了阻碍，行动人员希望突
破云层中偶尔的空隙，以为攻击提供可
能性，因此大部分任务最后还是执行了。

1991 年 2 月 27 日，联军实施了最
后一次 TIALD 任务，对阿尔·阿萨德

机场和哈巴尼亚（Habbaniyah）机场实施了空袭。对哈巴尼亚机场的空袭是在夜间进行，承担空袭任务的轰炸机为 ZA743、ZA492 和 ZA491（呼号为 Boston 02/04）。TIALD 飞机为 ZD739（Boston 05，由摩根和哈尔格瑞弗斯驾驶）和 ZD848（Boston 06，由博希尔上尉和罗斯上尉驾驶）。特别需要指出的是，ZD739 指示的目标之一是一个机库。该机库是英国离开伊拉克之前由皇家空军所修建，停放于其中的所有伊拉克直升机皆被摧毁。

战争结束之时，装备 TIALD 的"狂风"战斗机共飞行了 72 架次（39 次成功），引导激光制导炸弹对目标实施了229 次直接打击。其中 23 架次由于天气原因被放弃。TIALD 还被证明是一种有用的侦察和轰炸损毁评估工具。可利用一条 625 线路的监视器，而不是 200 线路的座舱显示屏，通过视频画面最大限度地对地面实施观察。

"卢卡斯"（Locusta）行动
——意大利打击力量

抽调于各意大利空军部队的 12 架"狂风"战斗机在阿布扎比宰夫拉（Al Dhafra）军用机场组成了一个"自治飞行分队"。自 1990 年 10 月 2 日起，该分队飞机陆续抵达，驻扎于阿布扎比，是"卢卡斯"行动的组成部分。与英国飞机一样，意大利"狂风"战斗机也经历了一系列改进，包括机身整体涂抹沙漠迷彩。根据计划，该型飞机的最初任务是使用美制 Mk 83 型 454 千克级炸弹实施低空轰炸。在行动过程中战斗机遇到了一些问题，尤其是空中加油的问题（但该问题得以迅速解决）。对意大利"狂风"战斗机的空中加油机支援几乎全是由美国空军 KC-135 型加油机承担。1991 年 1 月 17 日，意大利"狂风"战斗机执行首次任务，由于剧烈的晃动和恶劣的天气，编队 7 架飞机中仅有 1 架（MM7074，由马里奥·贝特里尼少校和来自第 50 中队的摩尼齐奥·科西奥隆尼上尉驾驶）与 KC-135 加油机完成空中加油。这架飞机的飞行员用值得称赞的专业精神和极大的勇气独自对目标发动了进攻，但飞机被敌军防空炮击落，这两名飞行员随后被伊拉克军队抓获。后来，意大利"狂风"战斗机在联军空战行动中发挥了关键性作用，不过鲜有新闻媒体对此关注。

关于沙特阿拉伯皇家空军 IDS "狂风"战斗机在空战中发挥的作用，相关信息就少之又少了。驻守于达兰并部署于塔伊夫的第 7 中队，使用 JP233 炸弹开展了攻击机场的行动。1991 年 1 月 17 日至 18 日夜间，在美国领导的对 H-3 机场的进攻中，第 7 中队执行首次任务。此外，中队还使用美制 Mk 84 型 908 千克级炸弹开展了中空轰炸行动。1991 年 1 月 19 日至 20 日夜间，"狂风"765 遭遇了非战斗损毁，2 名飞行员均被安全弹射。

1991 年 2 月 28 日，美国总统乔治·布什宣布停火；开战 6 星期之后，战争终于结束。超过 10 万名伊拉克军人失去了性命，而联军阵亡人数仅为 500 人。

截至战争结束之时，战区内皇家空军 61 架 GR1 "狂风"战斗机在"沙漠风暴"行动中估计共飞行 1617 架次（包括中途返航的）。穆哈拉克分队的 17 架飞机共飞行 400 架次，达兰分队的 15 架"狂风"轰炸机和 6 架"狂风"侦察机共飞行 567 架次，塔布克分队（23 架）"狂风"战斗机共飞行 659 架次。驻扎于阿拉弗拉空军基地的 12 架意大利"狂风"战斗机共飞行 226 架次，投放了 565 枚 Mk 83 炸弹。

与此相比，驻扎于达兰机场的皇家空军 F3 "狂风"战斗机和沙特阿拉伯 ADV "狂风"战斗机则进行了一场"安静"的战争。皇家空军 F3 战机总共执行了 360 次空中战斗巡逻任务，均为保护沙特领空的"设障"任务。装备更为优良的美国空军 F-15 战斗机（配备敌我识别系统和联合战术信息分发系统）和沙特阿拉伯空军执行了战斗机护航和战斗机清除行动，也为整个空战取得胜利做出了贡献。毫无疑问，如果联军轰炸机在清除伊拉克空军的行动中不是这般顺利，那么 F3 飞机的海湾经历也许就大不相同了。

空中力量对于联军快速取得对伊拉克军队的决定性胜利十分关键。特别是"狂风"战斗机，证明了其是一种可靠且高效的武器。英国宇航公司估计，3 个国家的"狂风"战斗机总共执行了大约 3250 架次的飞行任务。不过英国和意大利"狂风"战斗机的已知数据为 2200 多架次，表明英国宇航公司的数据将"沙漠盾牌"训练以及沙特阿拉伯的"狂风"战斗机的飞行架次也包含在内。然而，飞行架次数据仅能证明事实的一部分。7 架"狂风"战斗机在战斗中坠毁，也说明了该系列飞机所执行任务的危险性，特别是在战争开始之初的几个夜晚。同时，"狂风"战斗机还证明了其对目标的毁灭性打击效果，是海湾战争中巨大的成功。虽然 TIALD "狂风"战斗机的部署匆忙，飞行员训练不足，但其精度比美国空军的 F-117A 和 F-117F 更高。此外，其因为恶劣气候返航的比率也低于美国空军的 F-117A 和 F-117F。所有参与驾驶、支援和生产"狂风"战斗机的人员都值得为其成就感到自豪。

左图：第一支将"狂风"战斗机用于海战的部队是德国海军航空兵。它将"鸬鹚"导弹当作其反舰的主要武器，并将AGM-88高速反辐射导弹装备了后来购置的"狂风"战斗机。高速反辐射导弹发射器主要供两个联队中的第2联队使用，但其试验飞机来自海军航空兵第1联队。

通常，"狂风"战斗机都要承担十分重要的海上攻击/打击任务。德国海军航空兵是首次使用"狂风"战斗机执行海上任务的用户。德国海军中，"狂风"战斗机是135架老旧的F-104G飞机的替代品。"狂风"战斗机被德国海军航空兵驻石勒苏益格以及埃格贝克的第1、

下图：意大利首架"狂风"原型机（P.05）发射"鸬鹚"反舰导弹。在意大利空军前线部队中，该武器主要为第36联队的第156大队使用。

第2联队在用作反舰和侦察任务。虽然112架能力更强且更加昂贵的"狂风"战斗机足够为每支联队各配备48架"狂风"战斗机且还有备用机，但是其中仅有12架为双座战斗机，反映了海军航空兵"狂风"飞行员需要在德国空军的监督下开展训练的事实。

当意识到1975年不可能得到"狂风"战斗机后，德国空军用F-4E"鬼怪"飞机替换了破旧的F-104G飞机（2个侦察联队、2个战斗机联队和2个战斗－轰炸机联队）。然而，海军航空兵继续使用其他F-104G飞机，这样当"狂风"战斗机到位之时，可确保其成为首要装备。

随后，海军航空兵用更为现代化的AS34"鸬鹚"导弹（共订购了350套）替换AS30反舰导弹，总费用为4.69亿德国马克。当"狂风"战斗机进入海军

航空兵服役之时,"鸬鹚"导弹成为首要的反舰武器,不过"狂风"战斗机也携带BL755集束炸弹以及其他各型炸弹。

"鸬鹚"导弹与战斗机的整合十分顺利。德国海军航空兵的"狂风"战斗机除了顶部的海灰色和底部的白色以外,与德国空军的战斗机没有什么不同。1981年7月29日,德国海军航空兵第1联队执行了其最后一次F-104G任务,之后便退出现役,同时所有飞行员在三国"狂风"战斗机飞行员训练中心接受换装训练。1982年7月2日,海军航空兵接收了首批4架"狂风"战斗机,海军航空兵第1联队也在此时正式重新服役。直至1987年5月,海军航空兵第2

上图:英国加入了早期"鸬鹚"导弹的试验中,但很明显英国的海上"狂风"战斗机只会用本国的"海鹰"导弹。这架飞机是P.03,第二架英国原型机。

大队仍使用其F-104G型飞机,尽管其在1986年9月11日就接收了第一架"狂风"战斗机。

海军航空兵第2联队接收了海军第5批次48架可以发射高速反辐射导弹的飞机,并承担敌方防空压制/高速反辐射导弹打击的任务。首支承担侦察任务的中队装备了26个MBB/阿里塔利亚公

下图:这架GR1B着非海军标准灰绿涂装,带有第12中队的标志。该中队在换装"狂风"战斗机的时候在飞机尾翼上使用了黑、白、绿色,机头使用了绿色箭头。中队之前的"海盗"战斗机喜欢使用狐狸头作为标志。

司的侦察吊舱。"鸬鹚"2型反舰导弹于1989年进入现役（交付了174套），新导弹的弹头的重量增加至220千克，射程增加5千米达到35千米。海军航空兵第1联队最终获得第6批次生产的"狂风"战斗机，并开始在其行动中使用高速反辐射导弹。然而，由于冷战结束，防务预算被削减，1994年1月1日，海军航空兵第1联队被解散，这就使得海军航空兵第2联队成为海军航空兵唯一幸存的"狂风"战斗机部队。该部队接管了海军航空兵第1联队的部分飞机，其飞机总数达到了60架，同时还获得了该联队的"海鹰"标志。

由于意大利与华沙条约组织的国家在陆地没有任何交界，意大利"狂风"战斗机在战争中的首要任务就是在地中海执行海上攻击任务，其所承担的陆上任务是在奥地利或南斯拉夫遭到入侵的情况下提供支援。由于海上任务占据主要地位，意大利很早就采购了60枚"鸬鹚"1型反舰导弹，并向第156大队（第1支前线中队）赋予了海上行动战术支援任务。

对于英国来说，将"狂风"战斗机用于海战的计划早在该项目的最初阶段就已提出。然而，为了将尽可能多的"狂风"战斗机用于陆上任务，海战任务实际上是由两个"海盗"战斗机中队来承担。"狂

上图：第617中队首批GR1B飞机中的一架停靠在其加固机库之外，准备进行"海鹰"试射。该飞机携带了一对标准330加仑机翼下油箱。

风"战斗机也经常被视为"海盗"飞机的海上攻击/打击任务最有可能的继任者，不过也有很多人期待以ADV"狂风"机型的机身为基础制造一种新的能够携带更

下图：图中飞机是喷涂着第12中队标志的GR1B"狂风"战斗机，借调于英国皇家空军攻击/打击作战评估部队。1997年年底，该飞机被部署至尤马和印第安斯普林斯基地开展飞行测试。图中飞机反常地携带了3个油箱，其中1个位于机身下，2个位于机翼下方。

上图：海湾战争中，正如图中第 617 中队 GR1B 战斗机所展示的那样，使用 ADV 型 465 加仑油箱首次成为常规，并逐渐普及，极大提升了"狂风"战斗机的作战半径。

多燃料的改进型飞机。

　　随着冷战的结束，以及拉赫布里茨联队的解散，皇家空军突然拥有了许多多余的 GR1"狂风"战斗机。用这些飞机去重新装备海军的"海盗"中队，并接管"海盗"飞机使用的英国宇航公司的"海鹰"反舰导弹就变得可行起来。这就意味着皇家空军海上改进型"狂风"战斗机仅需对第 3 批次生产的 GR1"狂风"战斗机进行细小的改动。

　　首架（试验机）GR1B 为 ZA407，由英国宇航公司在沃尔顿改装。另外 25 架（ZA374、ZA375、ZA399、ZA409、ZA411、ZA446、ZA447、ZA450、ZA452、ZA453、ZA455、ZA456、ZA457、ZA459、ZA460、ZA461、ZA465、ZA469、ZA471、ZA473、ZA474、ZA475、ZA490、ZA491 和 ZA492）在皇家空军圣安森基地改装，其中 2 架（ZA409 和 ZA411）为双座型。改装行动相对较顺利，包括安装了一套新的存储管理系统、一套"海鹰"控制面板，以及为"海鹰"导弹与飞机之间提供接口的外挂点适配器。这样导弹自带的导航系统便可以接收来自发射飞机的最新数据，使得使用导弹计算机发射模式成为可能，还赋予了飞机间接瞄准攻击的能力，并可以在一群目标中攻击特定目标。如果飞机装备的是一个非专用挂架，那么"海鹰"导弹只能以初级模式使用，必须将目标对准瞄准线再发射，其发射后并打开自身主动雷达搜索装置也只能攻击"看"到的第一个目标。

　　"海鹰"导弹是真正的发射后不管导弹，在使用自身主动雷达搜索装置之前，可先利用惯性导航直接飞向目标。其射程超过 80 千米，使发射该导弹的飞机拥有一个有利的防区外射程。

　　与其所替换的"海盗"飞机相比，GR1B 型"狂风"战斗机并不具备同样的载荷与航程。因此，有计划要拓展其作战半径。一个有效的方案就是安

右上：这架第 2（陆军协调）中队的 GR1A 在中线处携带一个 GP（1）吊舱，其性能较低的 TIRRS 会被拆除，用压仓物替代。使用更大的 ADV 型油箱在军事行动中很常见。

下图：在飞越科威特城的 80 周年飞行分列式上，5 架装备有 TIALD 系统的"狂风"战斗机引导第 101 中队的 1 架 VC-10 加油机和另外 2 架"狂风"战斗机。

上图：辛勤劳作的地勤人员将 AIM-9L 装载在第 9 中队的"狂风"战斗机之上。贾巴尔加固机库的损毁使得皇家空军不得不在露天条件下作业（海湾战争中，伊拉克军队占领贾巴尔机场期间，皇家空军对该机场实施了轰炸）。

下图：全灰色的新式涂装设计在"警戒"行动中十分流行，就如图中的第 2（陆军协调）中队的 GR1A 飞机一样。参与"警戒"行动的 GR1A "狂风"战斗机红外侦察系统被移除，换成了压仓物。

上图：所有部署至科威特贾比尔开展"博尔顿"行动的皇家空军"狂风"战斗机，都如图中的第12中队 GR1B 飞机一样，外表涂有该中队的常规标志，但由第14中队的飞行员驾驶。

上图：图中是"博尔顿"行动中少数没有标志的"狂风"战斗机之一，该飞机来自第17中队。可以看到的是，该飞机在左舷肩部正装载通用电气公司的 TIALD 激光指示器。

上图：随着行动迫在眉睫，参与"博尔顿"行动的飞机尾翼上被涂上了带有蓝色外轮廓的白色 V 形识别标志。图中为第12中队装备有 TIALD 系统的 GR1B "狂风"战斗机，是分配给第14中队贾巴尔分遣队的飞机之一。

装伙伴加油吊舱（"海盗"飞机曾经使用过这种加油吊舱）。海湾战争期间，曾有9架英国皇家空军"狂风"战斗机（其中一架之后被改为GR1B）接受改装，具备了携带15个Sargent Fletcher 28-300飞行加油吊舱的能力，这15个吊舱来自于德国海军航空兵，但此项目后来被取消。

后来，空中加油公司获得了一个合同，将70个剩余的Mk 20B、Mk 20C、Mk 20D、Mk 20E型加油吊舱改装后供"狂风"战斗机使用，这些吊舱之前由备用的Victor（装备Mk 20B）和"海盗"（装备Mk 20C和Mk 20D）加油机使用。新式Mk 20H的设计是使用了一个更大的集成式油箱，容量从454千克倍增为908千克。Mk 20H原计划于1996年交付，但最终由于该项目资金被移作他用，虽然设计已经定型还是被取消了。本来大约有30个吊舱将接受改造，其中一些用于试验，剩下有24 ~ 25个将进入现役。按照设计，该吊舱将悬挂于"狂风"战斗机肩部一侧的挂架上，"兴登堡"油箱则悬挂于另一侧作为平衡。然而，最终方案是使用悬挂于中心线的Sargent Flecher吊舱。

军方并非只是简单地将GR1B"狂风"战斗机交付给驻露西茅斯的"海盗"中队，

上图：虽然从理论上讲，"狂风"战斗机可以携带4枚"海鹰"导弹，但更多的情况是在其机翼下方携带油箱。如果没有这些油箱，"狂风"战斗机的飞行距离就会大减。此外，多带两枚导弹产生的阻力也会使得性能数据大为降低。

还决定利用该机型重新装备两个驻扎于马厄姆基地的GR1"狂风"中队，然后这两个GR1"狂风"中队将被赋予陆上攻击/打击的任务。1993年10月1日，驻扎于马厄姆的第27中队更名为第12

下图：图中为部署至达兰基地的首批"狂风"战斗机中的2架于1992年8月27日参与"南部监视"行动。

上图: 图中第2中队(陆军协调)的GR1A型飞机装备有ADV型"兴登堡"油箱, 以及一个Vicon吊舱, 正在从其位于因斯里克的临时基地飞往伊拉克北部。

中队, 与此同时露西茅斯的首支"海盗"战斗机中队遭到解散。1994年1月1日, 新的第12中队移至露西茅斯。1994年4月14日, 驻扎于马厄姆的第617中队接收其首架GR1B飞机, 并于4月27日转移至露西茅斯基地, 同时从第208中队手中接管了该基地。随后第208中队于1994年4月30日解散。

第27中队和第617中队并没有被赋予陆上任务, 在GR1B改造项目完成之时, 这两个中队原有的飞机就被移交给另外的部队或者被存放入机库。由于GR4飞机改造项目使得飞机需要不时进入改装工厂, 这些剩余的飞机被证明是极有用处的。随着兼容"海鹰"的GR4的引入, 对专用GR1B的需求也就随之消失。由于海上任务与其他任务还是有很大不同, 特别是战斗机飞行员需要开展有针对性的大量训练, 并且要想保持熟练的话还要进行战术和技术训练, 对专门的或半专门的海上中队仍然有所需求。

下图: 英国皇家空军常规部署的"狂风"战斗机着沙漠红ARTF迷彩涂装, 并涂上了第617中队的尾翼标志和编号, 这种方式在1942年的空袭德国大坝中使用过。图中的"狂风"战斗机刚从海湾地区返回其本土, 携带着一个ML CBLS200训练弹舱。

上图：2 架参与军事行动的"狂风"战斗机在寸草不生的沙漠上空接受第 10 中队 VC-10C1K 飞机的加油。图中距离稍远的"狂风"战斗机装载了 TIALD 激光指示器，另一架则携带了云顿公司的 GP（1）侦察吊舱。该照片是由第 3 架"狂风"战斗机使用 GP(1)吊舱拍摄的。

虽然"海鹰"导弹对打击敌人大型舰船比较有效，但相对来说并不太适合于近海战场。尽管"海鹰"现代化／升级项目正在进行之中，但根据《战略防务评估》进行的军队缩减有可能使"海上"狂风中队首当其冲。幸运的是，这种情况并没有发生，不过根据报道，露西茅斯基地战斗机的海上任务有所减少。而且相反的是，这两个驻扎于露西茅斯基地的中队被用于减缓整个部队任务多且分散造成的兵力不足。他们被轮流派遣至土耳其、科威特和沙特阿拉伯等，弥补当地驻军的不足。据报道，这两个海上"狂风"中队用于演练海上任务上花费的时间不足其训练时间的

下图：近年来，参与"警戒"行动、"法制"行动以及"拒阻飞行"行动的飞机，已习惯将其部队标志抹掉，但还是涂上了标准迷彩。图中参与"法制"行动的飞机，其"BT"尾号说明了它属于第 14 中队。

上图：图中飞机的白色标识符上加涂了一面英国国旗。"博尔顿"行动中，该飞机由第14中队分遣队操作。图中GR1B型飞机来自第12中队，具备热成像机载激光定位能力。

下图：1994年2月5日，F3"狂风"战斗机ZE967在焦亚－德尔科莱起飞前。此次飞行任务将持续6个半小时。此次任务完成后，"狂风"战斗机分队就将在1993年4月开始的"拒阻飞行"行动中飞满3000小时。

上图：图中的 ECR "狂风" 战斗机是 1995 年 8 月至 1996 年 11 月间被派遣至德国混合编队的飞机之一。此类侦察机在战区内发挥作用的时间很长。部署至波斯尼亚的 "狂风" 战斗机被涂上了浅灰色伪装。

上图：1995 年 8 月，部署至皮亚琴察并在波斯尼亚上空开展行动的德国 "狂风" 战斗机。这些飞机包括来自第 32 战斗轰炸机联队的 ERC "狂风" 战斗机，以及来自第 51 侦察机联队的 IDS 型战斗机（图中飞机即为 IDS 型战斗机）。从名义上讲，这些飞机被指派给了德国混编部队。

下图："博尔顿" 行动期间，4 架驻扎于贾巴尔的 "狂风" 战斗机准备开展一次行动。虽然这 4 架飞机都是由第 14 中队飞行员驾驶，但所有这些飞机分别来自不同的中队（第 14、第 2、第 617 和第 9 中队）。

上图：图中 F3 满载武器，并正在接受地面加油车的加油。此架第 9 中队的 F3 战斗机正在等候其飞行员，并即将起飞前往波斯尼亚上空执行"拒阻飞行"任务。该飞机携带小型的 IDS 油箱、1 个 Phimat 箔条撒布器、3 枚 AIM-9 型导弹和 4 枚"天空闪光"导弹。

下图：在"拒阻飞行"行动中，军械师将"天空闪光"导弹装载在 F3 "狂风"战斗机上。将导弹上尾翼接入机身下部槽内的方法值得引起人们注意。

40%。此外，在其海外任务中，还训练使用了 GP（1）侦察吊舱和 TIALD 激光指示器，而非"海鹰"导弹。尽管随着轻型核武器 WE177 的退役，其核打击任务也已终止，但这两个中队一直都保持了最完整的陆上能力。

上图：1993 年 5 月 29 日，首架 GR4 原型机（ZD708）在其首飞中表现出色。其尾翼上涂有粗大的 GR4 标志，其前部机身下方有一个空置的前视红外雷达整流罩。

下图：图中的 ZA354 在支援 GR4 项目中被广泛使用，它隶属于英国宇航公司沃尔顿基地。图中，我们可以看到，该飞机在其机身下部携带了 JP233 炸弹、标准的 IDS 油箱，ALARM 导弹位于其外舷挂架之上，外舷还挂有"天空闪光"导弹和 BOZ 箔条撒布器。尾翼底漆显示了 GR4 新型 ADV 热交换器的位置，此外它还装备了低密度条状编队指示灯。

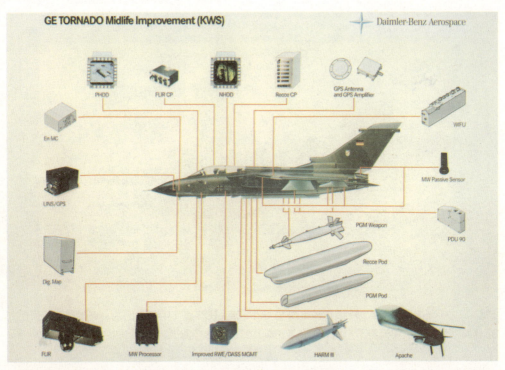

上图：德国"狂风"战斗机中期升级计划各项目图示。

上图：近距离接触前视红外雷达整流罩（在所有的GR4和GR4A中，该整流罩位于机身前端下部）。该整流罩包含一个通用电气公司基于热成像仪通用组件 Ⅱ 开发的1010前视红外雷达（GR7型"鹞"式战斗机也使用该雷达）。

上图：德国空军"狂风"战斗机现代化的关键就是新型 GAF 侦察吊舱，该侦察吊舱将一台光学照相机与从 ECR "狂风"战斗机上拆下来的霍尼韦尔 IIS 系统集成在了一起。图中这架曾隶属于海军航空兵第 2 联队的 IDS "狂风"战斗机目前已被用作新吊舱的试验平台。

上图：英国皇家空军 GR4 型"狂风"战斗机将使用"风暴之影"空对地导弹，德国"狂风"战斗机将使用马特拉公司的"阿帕奇"空地巡航导弹（由"天空阴影"衍生而来）。图中，我们可以看到德国 IDS "狂风"战斗机机身下部悬挂着 2 枚"阿帕奇"导弹。

下图：1997 年 10 月 31 日，ZG750（首架生产型 GR4）首飞，图中是其起飞时的情形。

上图：经历延迟和一系列问题之后，GR4 开始在各中队执行任务。驻布吕根基地的第 9 中队是第一个接收该飞机的中队。

上图：最后一架生产型"狂风"战斗机为图中的 IDS（8319），其用户是沙特阿拉伯皇家空军。1998 年 9 月，该飞机与 8318 一同举行了下线仪式。

右图：图中 GR1 型飞机被英国宇航公司用于测试，在支援 GR4 项目中被广泛使用。我们可以看到，图中该飞机悬挂了"硫磺"反坦克导弹。

下图：尽管第 13 中队总被人当作侦察部队，但它还是利用其新装备的 GR4A 型飞机遂行侦察和对地攻击任务。

上图：1999 年 3 月底，三国"狂风"战斗机飞行员训练中心彻底关门。

上图：图中 CSP 发展飞机（ZE155）是首架携带 AIM-120 高级中程空－空导弹的飞机，还可携带标准"天空闪光"导弹。

"狂风" GR.Mk4
主要部件剖面图

1 空气数据传感器;

2 雷达天线罩;

3 避雷导体;

4 地形跟踪雷达天线;

5 地形测绘雷达天线;

6 雷达设备舱铰接位置;

7 雷达天线罩铰接位置;

8 敌我识别天线;

9 雷达天线跟踪装置;

10 雷达设备舱;

11 特高频 / "塔康"天线;

12 激光测距目标指示搜索器,位于右边;

13 前视红外雷达罩;

14 机腹多普勒天线;

15 攻角传感器;

16 座舱盖应急开启装置;

17 航空电子设备舱;

18 前密封舱壁;

19 风挡雨水吹除空气管道;

20 风挡(卢卡斯 – 罗泰克斯公司);

21 可收放式潜望镜、空中受油管;

22 空中受油管收放连杆;

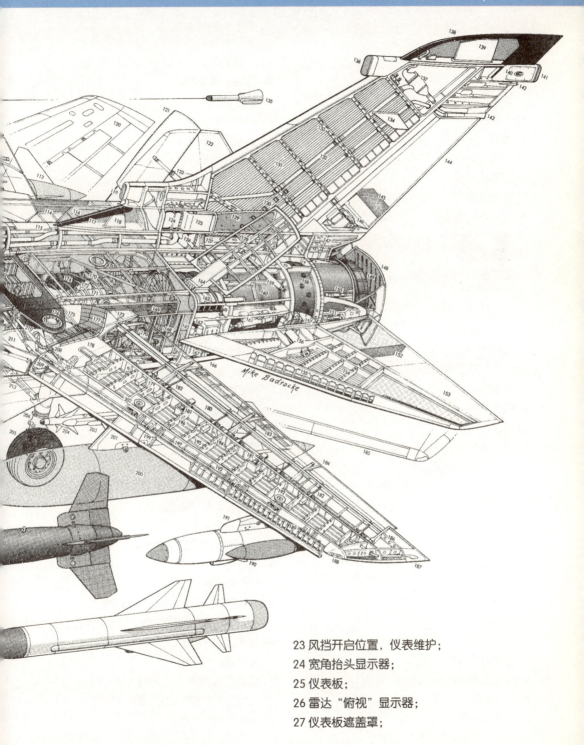

Mike Badrocke

23 风挡开启位置，仪表维护；

24 宽角抬头显示器；

25 仪表板；

26 雷达"俯视"显示器；

27 仪表板遮盖罩；

28 驾驶杆;

29 方向舵踏板;

30 电池;

31 炮管罩,左侧航炮已被拆除;

32 前轮舱门;

33 着陆/滑行灯;

34 前起落架支柱(道蒂·罗托尔公司);

35 扭矩臂连杆;

36 双前向伸缩的前轮(邓禄普公司);

37 前轮转向装置;

38 前轮支柱舱门;

39 电子设备舱;

40 弹射座椅火箭助推器;

41 引擎油门杆;

42 机翼后掠操纵杆;

43 雷达手动操纵杆;

44 侧控制面板;

45 飞行员马丁·贝克 Mk10 型弹射座椅;

46 安全带;

47 弹射座椅头枕;

48 座舱盖;

49 座舱盖中央弓形结构;

50 领航员雷达显示器;

51 领航员仪表板和武器控制面板;

52 踏脚板;

53 座舱盖外部锁销;

54 空速管;

55 27 毫米毛瑟航炮,右边仅有的;

56 供弹槽;

57 冷空气装置冲压进气口;

58 弹仓;

59 液氧容器;

60 座舱冷空气装置;

61 外挂物管理系统计算机;

62 左侧引擎进气口;

63 进气道唇口;

64 座舱整流罩;

65 领航员马丁·贝克 Mk10 型弹射座椅;

66 右侧引擎进气口;

67 进气溢出管;

68 座舱盖动作筒;

69 座舱盖铰链接头;

70 后密封舱壁;

71 进气口冲压传动连杆系;

72 航行灯;

73 双主尺度变截面进气口冲压门;

74 进气口减压舱门;

75 翼套襟翼;

76 进气道空气通道溢出管;

77 进气道冲压液压制动器;

78 机身前部油箱;

79 机翼后掠操纵螺旋千斤顶(精密技术);

80 襟翼和缝翼操纵驱动轴;

81 机翼后掠,襟翼和缝翼中央操纵装置以及马达(精密技术);

82 机翼枢轴箱整体油箱;

83 空气系统管道;

84 防撞灯;

85 特高频天线;

86 机翼枢轴箱传载结构,电子束焊接钛结构;

87 右侧机翼枢轴轴承;

88 襟翼和缝翼伸缩驱动轴;

89 右侧机翼后掠操纵螺旋千斤顶;

90 前缘密封罩;

91 翼根套整流罩;

92 495 英制加仑(2 250 升)油箱;

93 AIM-9L "响尾蛇" 空对空格斗导弹;

94 座舱盖开启位置;

95 座舱盖抛弃装置;

96 驾驶员后视镜;

97 右侧三段式前缘缝翼,打开状态;

98 缝翼螺旋千斤顶;

99 缝翼驱动扭矩轴；
100 机翼下挂架旋转操纵杆；
101 内侧挂架枢轴承；
102 右侧机翼整体油箱；
103 机翼内燃油系统检查口盖；
104 外侧挂架枢轴承；
105 BOZ-107 型金属箔条／闪光弹发射器；
106 外侧机翼旋转挂架；
107 右侧航行灯和频闪灯；
108 翼尖整流罩；
109 双缝福勒式襟翼，放下位置；
110 襟翼导轨；
111 右侧扰流板，打开状态；
112 襟翼螺旋千斤顶；
113 外挂油箱直尾翼；
114 机翼变后掠位置后缘罩；
115 机背整流罩；
116 后机身油箱；
117 垂直尾翼翼根天线整流罩；
118 高频天线；
119 热交换器冲压进气口；
120 右侧机翼变全后掠位置；
121 减速板，打开状态；
122 右侧全动式水平尾翼（水平尾翼副翼）；
123 减速板液压动作筒；
124 初级热交换器；
125 热交换器排气管道；
126 引擎放气管道；
127 垂直尾翼固定点；
128 左侧减速板肋；
129 垂直尾翼热遮板；
130 涡流发生器（扰流）；
131 垂直尾翼整体油箱；
132 燃油系统通风管道；
133 垂直尾翼；
134 仪表着陆系统天线；

135 马可尼公司"羚羊"拖曳式雷达诱饵；
136 前部被动电子对抗设备；
137 液压方向舵操纵动筒；
138 垂直尾翼翼尖天线整流罩；
139 甚高频天线；
140 尾部航行灯；
141 后部被动电子对抗天线罩；
142 障碍灯；
143 应急放油装置；
144 方向舵；
145 方向舵蜂窝结构；
146 方向舵液压制动器；
147 机背后部整流罩；
148 反推力装置折流板，打开状态；
149 变截面加力喷管；
150 喷管控制动作筒（4 个）；
151 反推力装置舱门传动装置；
152 蜂窝式后缘结构；
153 左侧全动式水平尾翼（全动水平尾翼副翼）；
154 水平尾翼翼肋；
155 前缘前肋；
156 水平尾翼枢轴承；
157 水平尾翼轴承密封板；
158 加力排气管；
159 减速板液压动作筒；
160 R.B.199-34R Mk103 型加力涡轮风扇引擎；
161 水平尾翼液压制动器；
162 液压系统滤器；
163 液压蓄力器（道蒂公司）；
164 减速板铰接点；
165 进气口构架／加工接头；
166 引擎舱腹部检查口盖板；
167 引擎滑油箱；
168 后机身油箱；
169 翼根气动密封条；
170 引擎驱动辅助变速箱，左右各一，安装在机体上；

171 综合驱动发电机（2台）；

172 液压泵（2台）；

173 变速箱互联轴；

174 右侧辅助动力设备；

175 可伸缩燃油导管；

176 左侧机翼枢轴承；

177 柔性机翼翼密封板；

178 机翼蒙皮；

179 后翼梁；

180 左侧扰流板罩；

181 扰流板液压制动器；

182 襟翼螺旋千斤顶；

183 襟翼肋；

184 左侧福勒式双缝襟翼，放下位置；

185 左侧机翼变全后掠位置；

186 翼尖；

187 燃油通风口；

188 左侧航行和频闪灯；

189 前缘缝翼肋；

190 马可尼公司"天空影子"电子对抗吊舱；

191 外侧旋转挂架；

192 挂架枢轴承；

193 前翼梁；

194 左侧机翼整体油箱；

195 机械加工的机翼蒙皮／纵桁；

196 翼肋；

197 旋转挂架操纵杆；

198 左侧前缘缝翼，打开状态；

199 缝翼导轨；

200 左侧"兴登堡"外挂油箱；

201 内侧旋转挂架；

202 内侧挂架枢轴承；

203 导弹发射轨道；

204 AIM-9L"响尾蛇"空对空格斗导弹；

205 左侧主轮（邓禄普公司），前向收回；

206 主起落架支柱枢轴轴承（道蒂·罗托尔公司）；

207 起落架支柱枢轴承；

208 液压收放动作筒；

209 支柱旋转操纵连杆；

210 伸缩襟翼和缝翼驱动扭矩轴；

211 前缘密封整流罩；

212 "克留格尔"襟翼液压动作筒；

213 主起落架安全支柱；

214 主轮舱门；

215 着陆灯；

216 左侧机身挂架；

217 三联发射装置；

218 马可尼动力公司"硫磺"反装甲导弹；

219 "阿拉姆"导弹发射轨道；

220 马特拉－英国航宇动力公司的"阿拉姆"反雷达导弹；

221 454 千克高爆炸弹；

222 马特拉－英国航宇动力公司的"暴风影子"（防区外发射的）空地导弹发射器；

223 GBU-24/B 型 908 千克激光制导炸弹；

224 英国航宇动力公司的"海鹰"反舰导弹。

GR. Mk1 技术说明

主要尺寸

机身长度：16.72 米

翼展：13.91 米，最大后掠角 25° 时；或者为 8.60 米，最大后掠角 67° 时

机翼展弦比：7.73

水平尾翼翼展：6.80 米

尾翼高度：5.95 米

机翼面积：26.60 米平方米

轮距：3.10 米

轴距：6.20 米

动力装置

两台 R.B.199-34R Mk101 型涡轮风扇引擎，每台静推力约为 37.70 千牛，加力推力或者后来新型飞机推力约为 66.01 千牛；R.B.199-34R Mk103 型涡轮风扇引擎每台静推力约为 38.48 千牛，加力推力约为 71.50 千牛

重量

作战空重：14091 千克

正常起飞重量：20411 千克

最大起飞重量：27951 千克

燃油及载荷

机内燃油：5090 千克

外挂燃油：可达 5988 千克，分装于两个容量为 2250 升和两个容量为 1500 升的副油箱中，或者分装于 4 个容量为 1500 升的副油箱中

最大理论载弹量：超过 9000 千克

限制过载

在基本设计总重条件下为 + 7.5g

性能

高空最大净平飞速度：2338 千米 / 小时

极限马赫数：携带激光测距与目标指示搜索器时为 1.4 马赫

实用升限：15240 米

起飞滑跑距离：900 米

着陆滑跑距离：370 米

航程

转场航程：3890 千米，带 4 个副油箱

作战半径：按典型高—低—高剖面飞行执行攻击任务，并且携带重型战斗装备时为 1390 千米

武器配备

最大载弹量：9000 千克，分别挂载于四个翼下外挂点和三个机身下部外挂点上

上图：虽然第29中队在1998年被解散，但其标志仍被涂在第二架CSP发展飞机ZG797之上。图中，我们可以看到有一对AIM-120导弹悬挂于机腹之下。

左图：AIM-120导弹特写。虽然它看起来与"天空闪光"导弹类似，但这种高级中程空－空导弹使其飞机能力有了质的进步。

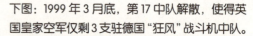

下图：1999年3月底，第17中队解散，使得英国皇家空军仅剩3支驻德国"狂风"战斗机中队。

"鹰狮" 战斗机

研制与试飞

自从萨伯 JAS 39"鹰狮"于 1988 年首次升空之后，它就成了瑞典防空力量的中流砥柱。"鹰狮"最初研制的目的是为了满足瑞典空军对第 4 代战斗机的需要，但是后来逐渐进化成一种多功能"可变任务"作战飞机。"可变任务"是指一种多用途飞机在一次任务期间可以担任多种角色。如同它在服役期间所展示出的那样，"鹰狮"能够很好地达到这种需要。例如，在"鹰狮"的四机编队日常训练中，起飞执行空对地攻击任务和进行空中侦察，而在返回基地之前可能还要担任空对空任务。

"鹰狮"计划的研制时间正值冷战期间，执行不结盟政策的瑞典要寻找一种新型战斗机代替"龙"和"雷"。最初瑞典仔细考察过很多国外机型，包括（当时的公司）通用动力公司的 F-16"战隼"和麦克唐纳·道格拉斯公司的 F/A-18"大黄蜂"。但是瑞典政府决定研制自己的飞机，因此瑞典飞机公司（简称萨伯公司）也就有机会继续延续自己

源远流长的战斗机生产制造传统。这对于一个人口只有 800 万的国家来说，在技术上和经济上都有不小的挑战。"鹰狮"计划在 20 世纪 80 年代和 90 年代经历了多次挫折，但最终存活下来了。

萨伯公司成立于 1937 年 4 月 2 日，研制过 13 种型号的飞机，总数超过 4000 架，其中大多是为瑞典空军量身定做的。瑞典长期坚持武装中立政策，可能也与本国航空工业杰出的研发能力有关——对国外技术的依赖性不大。50 多年来，瑞典空军使用的飞机和导弹都是萨伯公司制造的，像萨伯 29"圆桶"、萨伯 32"矛"、萨伯 35"龙"和萨伯 37"雷"这些战斗机。现在，瑞典可能算是世界上最小的能够制造现代化作战飞机的国家，而它所制造出的飞机能够匹敌比它大很多的国家的飞机。

1979 年年底，瑞典政府（瑞典国会）开始了战斗／攻击／侦察机（JAS）的研制。JAS 要在一个平台上扮演这三种角色，萨伯公司回顾了大量的以往设计。最后

2105 计划（后来改称 2108 计划，最后称为 2110 计划）被瑞典国防装备管理局（FMV）推荐给了瑞典政府。该计划是要研制一种不稳定、轻型、单座、单发、线传飞控、三角翼加全动鸭翼的飞机。最初计划安装 80 千牛的 RM12 加力涡扇发动机——由瑞典沃尔沃航空发动机公司生产的改进升级型通用电气 F404-400 发动机。1982 年 6 月 30 日，FMV 签署了 5 架原型机和第 1 批 30 架飞机的合同。

本页图：尽管国家很小，瑞典的航空工业却在世界上处于领先地位，拥有新一代航电设备、武器开发和先进的飞机设计能力。作为主角，萨伯公司因其富有特色的战斗机生产线而赢得了巨大的声誉。与 JAS 39A 一起编队飞行的是萨伯 J35 "龙"（前面）和萨伯 J37 "雷"（后面）。与它的前辈们不同的是，"鹰狮"是真正意义上的多用途飞机——并在不断改进，据称可以满足瑞典空军的全部期望。

本页图：JAS 39 展示出了优异的短场起降能力。通过三角翼和鸭翼的配合，"鹰狮"携带防空武器配置时能够在500米内完成着陆滑跑。面积很大的鸭翼几乎可以向前倾斜90°，当飞机着陆时，可当作巨大的减速板使用，同时还能保证鼻轮稳稳地贴于地面，从而使机轮刹车的效果最大化。"鹰狮"战斗机也安装了两个传统的减速板。在恶劣的机场条件下，"鹰狮"能够在只有800米的被冰雪覆盖的跑道上起降。

1988年12月9日，第一架原型机（编号39-1）进行了首飞，由试飞员斯蒂格·霍姆斯特姆驾驶。此前他已经在JAS 39模拟器上进行了1000多个小时的训练。但是在综合试飞计划中，该飞机所采用的先进线传飞行控制系统（FCS）和不稳定设计布局却引发了严重的问题。1989年2月2日的第6次试飞中，39-1号机在林雪平基地降落时坠毁。幸运的是，试飞员拉斯·罗德斯壮在这次事故中幸免于难，只摔折了一条胳膊——但是这却导致了计划的重大延误。

　　详细分析表明，这次意外是由于FCS中俯仰控制程序的缺陷引发了飞行员诱导震荡（PIO）。萨伯公司与美国卡尔斯潘公司合作改进了控制软件，并在改造过的洛克希德NT-33A上开发FCS的性能。15个月后"鹰狮"的试飞计划得以继续进行，大致跟上了进度表；但是1993年8月18日，编号39102的生产型飞机在斯德哥尔摩上空进行飞行表演时坠毁。在一次横滚改出时，罗德斯壮失去了对飞机的控制，6秒钟之内，"鹰狮"在极为危险的低空熄火了。罗德斯壮别无选择，只好弃机跳伞。他安全弹射了，更为神奇的是，当"鹰狮"坠毁在城市中心的一个小岛上时，地面上也没有人伤亡——在成千上万观众面前坠毁。

本页图: JAS 39B是"鹰狮"的双座型，目前作为教练机使用。尽管没有安装机炮，但是它具有完整的空战能力，空对地攻击等额外任务也可能陆续增加。如果安装上反雷达导弹，对敌防空压制（SEAD）也理所当然。瑞典空军于2006—2007年要求"鹰狮"具备这些武器的使用能力。

本页图: "鹰狮"的飞行员能够从机载传感器、通信设备和高效的数据链获取全部信息。毫无疑问,JAS 39是现役数据链运用最充分的战斗机,其这方面的性能远超过其他快速喷气式飞机。再加上飞机的雷达横截面(RCS)很小数据链使得'鹰狮"成为相对隐形的对手。

萨伯公司后来宣布这次事故是由于FCS将操纵杆指令过于放大，再加上飞行员快速和频繁地使用操纵杆。试飞再次中止，直到1993年12月FCS的缺点完全解决。由于没有外部经验可供借鉴，萨伯公司开始寻找和解决其他任何航空公司都没有面临过的难题。第一次坠机事故后，萨伯公司就在卡尔斯潘公司的测试平台上再现了事故。萨伯公司重新改写了FCS软件。第二次坠机事故则直接指向了特定的问题。尽管事故起因于飞行员诱导震荡（PIO），但是飞机迅速失控也说明问题非同寻常。通过给FCS添加智能的速率限制过滤程序等其他改进，问题最终得到了解决。

至1996年，"鹰狮"成功完成了2000多次试飞和空对地、空对空武器发射试验。尾旋改出和大攻角试飞扩展了"鹰狮"的飞行包线，早期标准的FCS软件可以做到28°的攻角，而最初的攻角限制是20°。极限攻角试飞是由安装了专门设备的全黑色原型机（编号39-2）成功完成的。自从1997年以后，作战攻角已经随着客户的需要而显著增大了，预计最终的作战攻角限制可达到50°。

最初的试飞计划需要5架原型机（39-1至39-5），由于后来39-1坠毁，所以当第一架生产型飞机（编号39101）于1992年9月10日升空后，它便代替39-1成为测试平台。后来，一架双座型"鹰狮"原型机（编号39800）也成了试飞平台，于1996年3月29日完成了首飞。39-2和39-4两架原型机于1999年退役，被送到了位于马尔姆斯莱特的瑞典航空博物馆。萨伯公司除利用自己的原型机梯队进行基本的系统开发之外，有需要的话还可以从瑞典空军借调"鹰狮"。

航电设备

　　"空中优势来自于信息优势"是瑞典FV2000军事准则的核心。对"鹰狮"来说，主要有三个信息来源——机载传感器、通信设备和数据链。爱立信公司的PS-05/A型多模式多普勒X波段雷达是最主要的航电传感器，并为"鹰狮"提供空对空和空对面作战能力。雷达的Planar阵列是一种小型、传统的机械驱动式单元，使用调频脉冲压缩进行远距离探测。PS-05/A的很多细节都还处于保密状态，但是据说"鹰狮"对典型的战斗机大小的目标的探测距离是120千米。飞行员可以选择三种搜索模式：$2 \times 120°$、$2 \times 60°$和$4 \times 30°$，扫描速率是每秒钟60°。地形绘图和搜索覆盖区域可从5千米×5千米扩展至40千米×40千米。

　　作战时，有4种跟踪模式供飞行员选择：边跟踪边扫描模式可以增强态势感知能力和多目标监视能力；而优先目标跟踪模式则能实现在发射导弹的同时进行高质量、多目标跟踪；单一目标跟踪模式大多用于需要进行高质量的监视之时，比如说机炮瞄准；而空战模式用于短程空对空交战，进行自动化目标锁定。

　　"鹰狮"作战能力的核心是它特有的通信和数据链39（CDL39），可能算是世界上最先进的了。瑞典空军有丰富的数据链系统使用经验，从1965年研制J35"龙"和J37"雷"时就开始开发该项技术了。在超视距（BVR）作战方面，信息和态势感知尤为重要，数据链系统将赋予使用者无法比拟的作战空间感知能力。不过世界上其他国家也知道数据链系统的优点。美国各军种和英国皇家空军使用的联合战术信息分布系统（JTIDS）、北约的Link16数据链便是例子。但是JTIDS和Link16只安装在少数飞机上，一般是安装在指挥系统上引导其他飞机。它们无法实现平台之间数据的自由流动，能够处理的数据类型也很有限。而且与CDL39相比，它们的基本数据交换速率也非常慢。"超级大黄蜂"

本页图："鹰狮"可携带各种武器，使其具备真正意义上的多用途能力。空对空武器包括 AIM-9L "响尾蛇"（Rb74）、AIM-120 AMRAAM（Rb99）和 IRIS-T。单座型还安装了 1 门 27 毫米 "毛瑟" BK27 机炮。空对地武器包括 AGM-65 "小牛"（Rb75）（见左上图和右下图）、Rb15F 反舰导弹（见左上图中内侧机翼挂架）。此外，JAS 39 还可携带 DWS39 反装甲撒布式武器和 KEPD-150 "金牛座"——一种防区外发射武器，采用全球定位系统（GPS）/ 惯性导航系统（INS）制导，地形参照导航系统和红外成像末端导引头。尽管这种战斗机是为瑞典空军量身定制的，但是它也能安装北约的武器系统，因此可以使瑞典空军与其他国家进行联合作战，并改善了"鹰狮"的出口前景。欧洲研制了"流星"导弹，这是一种非常先进的空对空武器，性能远超过 AIM-120。"流星"导弹服役时，"鹰狮"也可携带"流星"导弹。

和欧洲战斗机"台风"等先进战机是瑞典战机之外的第一批具备数据链能力的作战飞机，所安装的系统与"鹰狮"相近。

CDL39 是由两台 Fr41 模拟信号无线电台、一台 Fr90 数字信号无线电台、一个音频管理组件（AMU）、一个地面通信放大器（GTA）、一个音频控制面板（ACP）和一个通信控制显示单元（CCDU）

上图：AGM-65"小牛"（Rb75）的发射试验开始于1993年，1997年该武器成为"鹰狮"的标准配置。

组成的。ACP和CCDU安装在座舱内，是供飞行员使用的界面。CDL39最先进的部件当属罗克韦尔·柯林斯公司提供的Fr90，工作频率在960～1215兆赫，使用了抗电子干扰技术，例如跳频、加密和先进的编码技术。CDL39还能够与瑞典的新式战术无线电系统（TARAS）完美结合——JAS 39和JAS37战斗机、S100B"百眼巨人"机载早期预警和控制（AEW&C）平台、S102B"乌鸦"信号情报（SIGINT）飞机和地面的作战指挥和控制中心（StriC）所使用的一种安全的无线电网络。瑞典国防装备管理局（FMV）正在考虑如何让CDL39和JTIDS进行通信，以便于"鹰狮"在国外作战。

一次最多可以有4架飞机同时通过数据链进行数据传输（主动），而接收（被动）数据的飞机数量则不限。根据瑞典空军的说法，CDL39在空中传输距离超过500千米，如果把位于中间位置的飞机当作中继机，则可以传得更远。作为其最基本的功能，CDL39可以将飞机上的雷达/传感器图像和飞机/武器的状态数据传到TARAS网络中的任意一个地方。飞行员只要选择合适的无线电频道（无线电频道在任务计划系统中预先设定），就可以在数据链上传输数据了。这个系统在广泛的测试中也显示了极强的抗干扰能力。

"鹰狮"的数据链为其提供了很大的作战灵活性。例如，在执行空对地任务时，一个编队在攻击了目标后，获取了目标区域的雷达图像，并可将其传输给下一波次飞机的座舱中。一波次飞机的机组成员在收到了目标区域精确的目标图像后，就会知道哪些目标已经被攻击过了。另外，这些信息还可以传回地面的作战指挥和控制中心（StriC），从而其可以根据实际情况制定决策。在执行空对空任务时，一架"鹰狮"可以将其雷达图像传给另一架"鹰狮"。后者可以在雷达关机的情况下，隐蔽地接近敌机并发动进攻。第二架飞机发射的导弹甚至可以由第一架飞机来制导。通过机载早期预警和控制（AEW&C）平台，一幅更大的"空中态势图像"可以通过数据链传到"鹰狮"编队中，从而大大提高它们的作战范围。

"鹰狮"的数据链系统赋予了它很强的作战能力——瑞典空军在其防空演习中，只用了6架"鹰狮"就防卫了半个瑞典。通过CDL39数据链，3个执行空中战斗巡逻（CAP）的"鹰狮"双机编队就可以监视瑞典的整个东海岸——从瑞典北部波罗的海的哥特兰岛到南部边陲的勒讷比空军基地。每一个"鹰狮"的飞行员随时都可以知道其他飞行员在什么地方、看见了什么，以及正在做什么。一名有着丰富的"龙"和"雷"飞行经验的瑞典资深飞行员在第一次接触了"鹰狮"后感叹道，"它治愈了我25年的失明"。

瑞典的"鹰狮"采购订单分3个批次交付。随着航电设备研发工作的不断进行，所交付的飞机会安装有不同的系统、具备不同的性能，这并不奇怪。第1批次的所有飞机安装的都是利尔宇航公司的三余度、数字式线传飞行控制系统（FCS），座舱围绕爱立信公司的

上图："鹰狮"可携带强大的防空武器，图中这架飞机翼尖上携带的是AIM-9L"响尾蛇"，机翼下方携带了4枚AIM-120 AMRAAM。

EP-17全数字式显示系统布置——包括休斯公司的广角全息抬头显示器（HUD）和3个黑白12厘米×15厘米低头显示器（HDD）——由爱立信公司的PP1和PP2显示处理器独立驱动。爱立信公司还开发了SDS80中央处理器——由多个D80处理器组成，运行主要系统。这套航电设备的标准被称为Mk1。

上图：安装在 JAS 39A 内侧机翼挂架下方（部分被外侧的导弹挡住了）的就是雷达制导的 Rb15F 反舰导弹，它的直线射程为 200 千米，覆盖范围超过了"鱼叉"Block 1C 和 MM40"飞鱼"。

第 2 批次作了一些改动，包括洛克希德·马丁公司代替利尔宇航公司成为 FCS 供货商。萨伯公司仍然负责编写 FCS 软件，洛克希德·马丁公司负责提供计算机硬件。另一项改动是 HUD，凯撒电子公司代替了休斯公司。最后，爱立信公司将航电设备标准提高到了 Mk2，采用了新的 PP12 显示处理器，将早期的 PP1/PP2 的处理功能都集中在了一个单独的、小型的，却更为强大的单元中。此外，还引入了 D80E 计算机，它的存储能力是 D80 的 5 倍，处理速度

是 D80 的 10 倍。这些改进将逐步应用于更新 Mk1 标准的"鹰狮"，使其普遍达到 JAS 39A/B 标准。

其他改进和升级还将陆续引入第 2 批次的生产型飞机。因此，Mk3 标准的航电设备已经运用到了第 2 批次的生产型的后面几架飞机上（编号 39207 以后的飞机）。新标准包括引进爱立信公司研制的全新超级计算机，即所谓的 D96，它取代了 D80E。它被称作模块化机载计算机系统（MACS），它拥有更大的程序存储空间和更强的处理能力，采用了 PowerPC 芯片，基于 VME 总线架构，并引入了先进的彩色 HDD 座舱显示器。因此，第 2 批生产型中有 Mk2 和 Mk3 两种标准。

第 3 批次的生产型飞机使用的是 Mk4 标准的航电设备，包括新式更大的 12 厘米 ×15 厘米多功能仪表显示器（MFID）68 有源矩阵 LCD 彩色 HDD，爱立信 - 萨伯航电设备公司研制的 MPEG-2 DiRECT 数字式大容量存储器代替了以前的 High-8 模拟信号 8 毫米座舱视频记录器。双座型用于高级战术训练，也能执行作战任务，后座的成员作为辅助飞行员或者系统操作员。与 JAS 39B 不同，JAS 39D 的后座舱有独立的无线电和显示处理器，因此两个机组成员可以独立完成各自的任务。这就使得它能够执行一些特殊任务，例如作为"攻击机群"长机或"现场指挥官"，对敌防空压制（SEAD）或进行电子对抗。

根据瑞典空军的原订计划，只有 Mk3 标准"鹰狮"的航电设备才会改进到 Mk4 标准，因为 Mk1 和 Mk2 标准的飞机的计算机无法提供足够的动力来支持升级。尽管 FMV 曾表示希望把所有的"鹰狮"都提高到 Mk4 标准，但是并没有为其提供正式的资金支持。因此，瑞典空军有两种型号的"鹰狮"，安装

本页图：位于内侧机翼武器外挂点的就是 DWS39（Bk90）反装甲撒布式武器。"鹰狮"于 1992 年开始进行该武器的发射试验，5 年后该武器才投入作战使用。

本页图：与世界上大多数国家的空军一样，瑞典空军也面临着"裁员"的现实。瑞典已经计划裁减空军的作战部队和基地。根据最新的计划，瑞典空军将只保留 8 个"鹰狮"中队，基地也只有 4 个。"鹰狮"的多用途能力将最大程度地减轻作战实力的下降，特别是在最新批次（能力更强）的型号服役之后。

有明显不同的航电设备，性能也不相同。在瑞典空军内，最新型号的飞机通常被称为"208 状态"，因为编号 39208 的飞机是第一架正式服役的 Mk3/ Mk4 标准"鹰狮"。编号 39207 的飞机归萨伯公司所有，作为 JAS 39C 原型机，并被重新命名为 39-6，而编号 39800 的双座机则是 JAS 39D 原型机。因此，第 2 批次"鹰狮"的最后 20 架飞机完全达到了第 3 批次的标准。不过这些 JAS 39A/B 是否要被重新命名为 JAS 39C/D 仍然是个问题。

第二代电子战设备也引入到了第 3 批次的飞机上（第 1 批次和第 2 批次的飞机安装的是过渡型电子战设备）。该设备是由爱立信航电设备公司研制的，被称为"电子战系统 39"（简称 EWS39）。其性能包括无线电信号发射器探测、识别和定位，动态威胁分析和对抗措施的使用。除了现有的自卫措施（翼尖的雷达告警接收器，或简称 RWR；垂尾和机头的 ECM；翼根的 BOP 403 箔条 / 曳光弹发射器）之外，

上图：JAS 39 只安装了一台发动机，即沃尔沃航空发动机公司生产的 RM-12 涡扇发动机。该型发动机以通用电气 F404-400 发动机为基础，净推力 54 千牛，加力推力 80.51 千牛。该型发动机最初是为双发喷气机设计的，当用于单发喷气机时，动力输出要增加，还要进行其他一些改变。

EWS39 又增加了两个吊舱式 BOP 402 电子对抗措施发射器、1 个激光告警系统、1 个导弹迫近告警系统和 1 个 BOL 500 拖曳式无线电频率（RF）诱饵。RF 诱饵安装于左侧机翼下方。EWS39 将赋予 JAS 39C/D 全面的自卫能力，并为其执行各种任务提供电子干扰护航能力。

第 3 批次的"鹰狮"将完全符合北约的通用标准，以保证瑞典空军的 JAS 39C/D 可以在世界范围内参与多国联合作战。改进包括夜视镜（NVG）兼容性和新式 IFF 系统。瑞典空军也在考虑对"鹰狮"进行进一步升级（但目前还没签署合同），包括被动搜索和跟踪系统（萨伯动力公司的红外搜索与跟踪系统，简称 IR-OTIS，类似于俄罗斯飞机座舱前面安装的球形红外传感器），头盔显示器则从两个竞标产品中选择——欧登显示器，由赛尔希乌斯公司或者爱立信公司为萨伯公司和皮尔金顿公司共同提供，相控阵雷达则是爱立信公司的有源电子扫描阵列（AESA）。

萨伯 JAS 39 "鹰狮"

1. 空速管；
2. 漩涡发生器；
3. 玻璃纤维雷达罩；
4. 平面雷达扫描装置；
5. 机械式扫描跟踪装置；
6. 雷达安装隔板；
7. 自动方位搜寻器（ADF）天线；
8. 爱立信公司的 PS-50/A 多模式脉冲多普勒雷达设备机架；
9. 偏航翼；
10. 座舱前气密隔板；
11. 下方 UHF 天线；
12. 攻角传感片；
13. 冷光源编队条形灯；
14. 方向舵脚蹬，数字式飞行控制系统；
15. 仪表盘，3 个爱立信 EP-17 阴极射线管（CRT）多功能显示器（MFD）；
16. 仪表盘罩；
17. 单片式无框风挡；
18. 休斯公司的广角抬头显示器（HUD）；
19. 爱立信公司的 ECM 吊舱；
20. 右侧进气道处的挂架；
21. 座舱盖，电动式，铰接于左侧；

25. 座舱后气密隔板；
26. 安装于右侧的发动机节流阀杆，手控节流阀控制系统（HOTAS）；
27. 左侧控制面板；
28. 座舱部位的蜂窝状蒙皮；
29. 安装于舱门上的滑行灯；
30. 鼻轮舱门；
31. 双轮前起落架，向后收起；
32. 液压操纵装置；
33. 机炮炮口冲击抑制器；
34. 左侧进气道；
35. 附面层分流板；

22. 弹射时用于炸碎座舱盖的微型引爆索（MDC）；
23. 右侧进气道；
24. 马丁 – 贝克 S10LS "零 – 零" 弹射座椅；

36. 空调系统热交换进气道；
37. 航电设备舱，通过鼻轮舱进入；
38. 附面层溢出道；

39. 座舱后方的航电设备架；

40. 右侧鸭翼；

41. UHF 天线；

42. 热交换器排气道；

43. 用于座舱空调、增压和设备冷却的环境控制系统；

44. 两个进气道之间的自封式油箱；

45. 鸭翼操纵液压动作筒；

46. 鸭翼枢轴安装点；
47. 左侧进气道管道；
48. 1门27毫米"毛瑟"BK27机炮，安装于机身左侧；
49. 温度传感器；
50. 左侧航行灯；
51. 机身中线处的外挂副油箱；
52. 弹药补给舱门；
53. 地面检测面板；
54. 编队条形灯；
55. 左侧鸭翼，碳纤维复合材料结构；
56. 机炮弹舱；
57. 机身中段铝合金结构和蒙皮；
58. 机身上方的边条翼；
59. VHF天线；
60. 机背整流罩；
61. 战术空中导航（TACAN）天线；
62. 排气和电线管道；
63. 机身整体油箱；
64. 液压油箱，左侧和右侧都有，独立双系统；
65. 机翼与机身连接的主框架，锻制机械式；
66. 发动机压缩进气道；
67. 敌我识别系统（IFF）天线；
68. 机翼连接处的复合材料盖板；
69. 右侧机翼整体油箱；
70. 挂架硬连接点；
71. 右侧载荷挂架；
72. 机翼前缘锯齿；
73. 两段式前缘机动襟翼；
74. 碳纤维复合材料机翼蒙皮；
75. 翼尖雷达告警接收器（RWR）和导弹发射导轨；
76. 翼尖导弹挂架；
77. 后位置灯，左右两侧都有；
78. 右侧机翼外侧升降副翼；
79. 内侧升降副翼；
80. 内侧升降副翼动作筒整流罩；
81. 发动机排气溢流口；
82. 编队条形灯；

83. 自动飞行控制系统设备；
84. 垂尾根部连接点；
85. 方向舵液压动作筒；
86. 碳纤维复合材料机翼蒙皮和蜂窝状基底；
87. 飞行控制系统液压传感器探测头；
88. 前向RWR天线；
89. ECM发射天线；
90. UHF天线；
91. 玻璃纤维垂尾顶部天线整流罩；
92. 闪光灯／防撞灯；
93. 碳纤维复合材料方向舵；
94. 可变截面积加力燃烧室尾喷口；
95. 尾喷口控制液压动作筒（3个）；
96. 左侧减速板（打开状态）；
97. 减速板连接点整流罩；
98. 减速板液压动作筒；
99. 加力燃烧室管道；
100. 沃尔沃航空发动机公司的RM12加力涡扇发动机；
101. 后部设备舱，左右两侧都有；
102. 微型涡轮发动机公司的辅助动力装置（APU）；
103. 安装于机身的配件设备变速箱；
104. 钛合金翼根连接固定装置；
105. 左侧机翼整体油箱；
106. 多梁翼面基础结构和碳纤维蒙皮；
107. 内侧升降副翼动作筒；
108. 内侧升降副翼；
109. 升降副翼碳纤维复蒙皮和蜂窝状基底；
110. 左侧机翼外侧升降副翼；
111. 后向象限RWR天线；
112. Rb74/AIM-9L"响尾蛇"短程空对空导弹；
113. 翼尖导弹发射导轨；
114. 左侧前向倾斜式RWR天线；
115. 左侧两段式前缘机动襟翼；
116. 前缘襟翼碳纤维复合材料结构；
117. 外侧挂架硬连接点；
118. Rb75"小牛"空对面反装甲导弹；
119. 导弹发射导轨；

120. 外侧载荷挂架；
121. 左侧主轮；
122. 前缘襟翼动作筒（既起致动作用，又起连接作用）；
123. 内侧挂架硬连接点；
124. 主轮支柱上安装的着陆灯；
125. 主起落架支柱减震器；
126. 主轮支柱枢轴安装点；
127. 液压收放千斤顶；
128. 前缘襟翼驱动马达和扭转轴，左侧和右侧相互连接；
129. 主轮支柱；
130. 主轮舱门，起落架收起后关闭；
131. 左侧内侧载荷挂架；
132. 机翼下携带的外挂副油箱；
133. MBB 公司的 DWS39 子弹药撒布器；
134. 萨伯公司的 Rb15F 反舰导弹；
135. "流星"未来中程空对空导弹（FMRAAM）；
136. AIM-120 先进中程空对空导弹（AMRAAM）；
137. 马特拉公司的"米卡"EM 短程空对空导弹；
138. 博福斯公司的 M70 六管火箭发射器。

上图：萨伯 JAS 39 "鹰狮"
这幅艺术画描绘的是发射"流星"空对空导弹的"鹰狮"战斗机。这种欧洲研制的先进超视距导弹的性能超过了 AMRAAM，很多作战飞机装备了该型导弹。

武器系统

在 1988 年首飞后不久，"鹰狮"的武器挂载试验就开始了。从一开始就采用了多种外挂武器配置，以检测它们对飞机性能、操纵品质和"颤振"的影响，以及负载和压力测试。真正的武器发射鉴定试验开始于 1991 年，现在瑞典空军装备的（以及出口型）"鹰狮"有 8 个外挂点，能够安装众多型号的空对地和空对空武器。同时还在研制新的武器系统，以充实"鹰狮"未来的武器库。

基本武器包括 1 门内置 27 毫米"毛瑟"BK27 机炮，安装于机身中线左侧（单座机），备弹 120 发。萨伯公司研制出了一种独特的与雷达和自动驾驶仪相连接的自动火炮瞄准系统，并将其安装在 JA 37 和 JAS 39 上。自动瞄准系统可以跟踪目标，并计算出准确的射击距离和偏角。一旦飞行员开火，雷达会跟踪发射出去的子弹的路径，自动驾驶仪将控制飞机将炮火对准目标。该系统非常可靠和精确，能够昼夜全天候对远距离目标进行"不用管"火炮攻击。

"鹰狮"最初取代的是瑞典空军最老旧的"雷"——攻击型 AJ/AJS37。"鹰狮"用于对地攻击的武器有短程空对地的 Rb75 导弹——休斯公司的 AGM-65A/B"小牛"。"Rb"是"Robot"的缩写。瑞典使用的是早期型电视制导的"小牛"——AGM-65A 和 AGM-65B。AGM-65B 具备图像放大功能，对目标的攻击距离也是 AGM-65A 的两倍。"小牛"的射程只有 3 千米，但是来自瑞典空军的情报却称 Rb75 对坦克大小的目标的有效射程是这一数字的两倍。JAS 39 从攻击型"雷"获得的另一系统是博福斯公司的 M70 135 毫米无控火箭弹系统。有 6 个外挂点可挂载导弹。

"鹰狮"还可携带更多的专用攻击武器，像 Bk90（DWS39"雷神"）防区外子弹药撒布器，该武器于 1997 年首次在"鹰狮"上公开使用。"Bk"是"Bombkapsel"的缩写，意思是炸弹撒布器。该武器是瑞典根据德国戴姆勒·克莱斯勒航宇公司的 DWS24 撒布器开发

本页图：JAS 39"鹰狮"正在快速更替萨伯
J37"雷"——"雷"长期以来都是瑞典防空力
量的中流砥柱，并且有众多的改型（包括侦察
型，上图中左起第二架便是）。"鹰狮"能够
更加高效地完成"雷"所有的任务，特别是较
晚批次的"鹰狮"服役之后。

的，DWS24撒布器用于攻击大面积、
无装甲保护的目标。重量650千克，有
24个横向开火发射管。典型的子弹药是
MJ1——一种用于攻击软目标的4千克空
爆武器，和大一点的18千克的MJ2——
采用近炸引信、反装甲弹头。Bk90是一
种无动力的"发射后不管"武器，射程

为5～10千米——取决于发射速度、发
射高度和攻击的目标。安装有惯性导航
系统（INS）、雷达高度计和弹载计算机，
它会根据预编程的目标信息进行导航，

由 4 个尾部安装的控制面进行操纵。

在对海攻击方面，"鹰狮"的主要武器是萨伯动力公司研制的 Rb15F 中程反舰导弹。它是 Rb15M 的空射型，Rb15M 安装在瑞典海军的快速巡逻艇上。它的重量为 600 千克，包括一个 200 千克的穿甲高爆（HE）弹头。它采用了微型涡轮发动机公司的 TRI-60-3 涡扇发动机，最大射程达 24 千米。

Rb15F 型导弹是一种非常智能化、机动性好的反舰导弹，特别适合瑞典群岛浅水海域的海岸防御作战。发射之后，这种亚音速导弹下降飞行高度，进行掠海攻击，使用 INS 数据进行中段修正，末端制导使用的是主动雷达导引头。在典型的四机编队攻击中，长机可通过自己的机载雷达捕捉目标，通过数据链把攻击方案传递给其他飞机。其他飞机的机

本页图：瑞典的政策是在战时放弃固定机场，而将飞机分散至临时位置，这意味着"鹰狮"的设计中必须考虑到要在简单的野外条件下维护和保养，并且能够在公路上起降。再加上战斗机先进的航电设备和精密的系统，要满足这些要求，设计师们面临着不小的挑战。

组成员就可以根据同样的攻击方案进行独立攻击。飞行员还可进行多重攻击，只需选择同时弹着，然后发射多枚Rb15F，这些导弹会自行区分并攻击正确的目标。

进行防空作战时，Rb74（AIM-9L"响尾蛇"）红外寻的导弹是"鹰狮"的标准配置，用于超视距（BVR）作战的Rb99（AIM-120B AMRAAM）导弹自1999年年中就投入作战使用了。"鹰狮"从一开始就被设计为具有AMRAAM兼容能力的飞机，瑞典政府和美国政府还签署了合同，以保证PS-05/A雷达等关键系统能够支持主动雷达制导的AMRAAM。JAS 39能够对4个目标发射Rb99导弹——这也是"鹰狮"目前最多能够携带的数量了。它的雷达能够对这4个目标进行边跟踪边扫描的优先排序，同时对另外10个目标进行边跟踪边扫描的锁定。将来，"鹰狮"机身中线处的武器外挂点还将安装双联装Rb99发射器。

有了这些武器，"鹰狮"完全有能力扮演好自己的角色。同时，瑞典空军也在扩展"鹰狮"可选择的武器。激光制导炸弹（LGB）是瑞典空军最迫切、最优先的目标。拉斐尔/蔡司光学"蓝丁"吊舱已经被"鹰狮"选中，挂于机身下方右侧的武器外挂点。"蓝丁"吊舱是一种FLIR/激光导航和瞄准系统，能够与各种"铺路石"激光制导炸弹配合使用。"鹰狮"于2001年开始对该武器系统进行集成和验证。

瑞典空军还在为"鹰狮"寻找新式精确的防区外发射武器——瑞典和德国联合研制的KEPD-350"金牛座"。KEPD（"动能穿甲破坏者"的缩写形式）是一系列涡喷推动的防区外发射武器，采用GPS/INS制导、地形参照导航（TER NAV）和红外成像末端导引头，分为两个型号：KEPD-150射程为150千米，携带1060千克的弹头；KEPD-350可携带1400千克的弹头，射程为350千米。KEPD-350是为德国空军的"狂风"和欧洲战斗机研制的，而较小的KEPD-150是为"鹰狮"准备的。不过，根据KEPD-350载荷能力的改进经验，KEPD-150也将可以携带更大的武器。

作为老旧的Rb74导弹的代替品，Rb98红外成像系统-尾翼推进矢量控制（IRIS-T）导弹已经安装在瑞典空军的"鹰狮"战斗机上了。这是一种新一代机动性格斗导弹。IRIS-T是一项泛欧洲导弹计划，由德国博登湖仪器技术（BGT）公司带头，瑞典、西班牙、挪威、意大利、希腊和加拿大都参与其中。它将弹翼和矢量推力相结合，提高射程和机动性，安装有焦平面阵列式红外成像（IIR）

本页图：第一支形成战斗力的"鹰狮"部队是瑞典斯卡拉堡的F7空军联队。该联队由两个JAS 39中队组成，它还是JAS 39的训练中心。

导引头。该武器使用的是新型固态燃料推进的火箭发动机，有效射程大约是12千米。此外，弹头可沿用现有的"响尾蛇"导弹的弹头。它可以与头盔瞄准具集成，能够有效攻击巡航导弹。"鹰狮"携带Rb98导弹进行试飞开始于1999年，于2004年形成初始作战能力（IOC）。

瑞典空军提出的反雷达导弹系统的要求，将使"鹰狮"具备"野鼬鼠"（对敌防空压制，或简称SEAD）能力。尽管这一能力在执行国际维和任务时非常重要，但是目前关于这个问题还没有公开信息，不过这种想法成为现实是迟早的事。先进的JAS 39D双座型"鹰狮"将是SEAD武器系统的首选对象，但是资金是首要问题。瑞典空军原计划在2006—2007年装备这种武器系统。

瑞典空军的"鹰狮"于2004年安

装了实战型侦察管理系统（RMS），取代了瑞典空军原来装备的侦察型 AJSF/AJSH37"雷"。爱立信 - 萨伯航电设备公司为"鹰狮"研制的新式侦察吊舱采用了光电传感器和数字化存储介质，取代了传统的胶片式照相机。该系统是为单座型"鹰狮"研制的，包括全数字式图像处理器、数据链配件和实时的座舱显示功能。其他细节暂未透露。同时，萨伯公司还为出口型"鹰狮"集成了英国云顿公司制造的威康 70 系列 72C 战术光电 / 红外侦察吊舱，可以进行低空和中空侦察。尽管云顿公司的设备价格较为合理，但是用于出口，瑞典空军希望为自己寻找一种性能更先进的 RMS。

"鹰狮"另外一种重要的武器系统是"流星"导弹，它是由马特拉公司和英国宇航系统公司带头组织的欧洲联营公司研制的一种先进远程超视距空对空导弹。具备"发射后不管"能力的"流星"导弹适于在高密度复杂电子战环境中作战，性能比现役的 AMRAAM 高出几倍。这种采用冲压喷气发动机推动的导弹采用的是主动雷达导引头（可进行中期升级），导弹发射之后，可以从发射机或其他平台获取目标数据。这些平台包括另外一架战斗机、一架 AWACS 飞机或者萨伯公司的"爱立眼"，这可以使发射机在发射完导弹后迅速撤离到相对安全的地方。

下图：作为萨伯公司和英国宇航公司向外推销的活动，这架双座型"鹰狮"对南美洲国家进行了访问，图中照片拍摄于智利。尽管尽了很大的努力来吸引南美洲国家空军的兴趣，这种新型战斗机前期的成功出口记录却出现在其他地区——南非和东欧。

本页图：这两张照片都是在航展表演时拍摄的。上面的照片是 1998 年英国皇家国际航空展示会期间拍摄的 F7 空军联队的"鹰狮"，下面的照片是在瑞典国内 F7 空军联队的基地拍摄的 14 架飞机编队飞行。

机首全动式鸭翼

与前文中提到的EF2000"台风"战斗机类似，"鹰狮"战斗机也采用放宽静稳定性设计，前置鸭翼使战机处于不稳定状态，飞行员必须在战机电传控制系统的辅助下才能较好地掌控战机。但同时这也赋予了战机对飞行员操作和控制更为灵敏的响应，使战机具有极佳的空中敏捷性和机动能力。

机身负载挂载点

"鹰狮"战斗机共拥有7个外部负载挂载点，其中机身中央1个挂载点，两侧主翼下各有2个负载挂架，主翼翼尖还可挂载较小型的负载。由于"鹰狮"战斗机机体尺寸较小，且采用单发设计，因此在保证其空中性能的前提下并未单纯追求过多的负载能力，通过机身中央的挂载点用于挂载较大体积、重量较大的负载，如副油箱或大型弹药，主翼下则可挂载各类空－空、空－地弹药负载。

501

主翼下负载挂架

"鹰狮"战斗机主翼翼尖部位可挂载AIM-9"响尾蛇"空－空导弹这类较轻型的负载，而主翼下的负载挂架则可挂载各类制导或无制导武器系统，包括巡航导弹、火箭弹巢、空－空或空－地导弹等。

1 多任务模式弹药挂载

    1. 2 枚 IRIS-T 近程空 – 空导弹

    2. 2 枚 AIM-120 "阿姆拉姆"中远程空 – 空导弹

    3. 2 枚 GBU-32 联合直接攻击弹药

    4. 1 具 2271 升容量副油箱

2 空优作战模式弹药挂载

    1. 2 枚 AIM-132 "阿斯拉姆"近程空 – 空导弹

    2. 4 枚 "流星"中远程空 – 空导弹

    3. 1 具 2271 升容量副油箱

下图：图中"鹰狮"战斗机主翼下挂载着"金件座"弹药布撒器，该布撒器也是一种自动化的制导武器，发射后即自行导向目标，主要用于攻击高价值或防护严密的目标。

3　反舰攻击模式弹药挂载

1. 2 枚 AIM-9"响尾蛇"近程空 – 空导弹
2. 2 枚 AIM-120"阿姆拉姆"中远程空 – 空导弹
3. 2 枚 RBU-15F 制导炸弹
4. 1 具 2271 升（600 加仑）容量副油箱

4　防区外硬目标攻击模式弹药挂载

1. 2 枚 IRIS-T 近程空 – 空导弹
2. 2 枚"金牛座 KEPD350"弹药布撒器
3. 1 具 2271 升（600 加仑）容量副油箱

5 精确攻击模式弹药挂载

1. 2枚 IRIS-T 近程空－空导弹
2. 4枚 GBU-12 激光制导炸弹

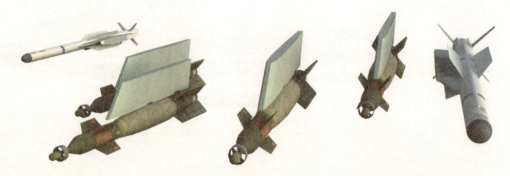

下图："鹰狮"战斗机是一种性能优异的战机，自服役以来已被多个国家所采购。在当前的国际防务市场上，类似的战机都须具备多用途、多任务特性才能获得用户的青睐。

上图：图中"鹰狮"战斗机未挂载副油箱，而是挂载着 4 枚 AGM-65"幼畜"近程空地导弹和 2 枚位于翼尖挂载点的 AIM-9"响尾蛇"近程空 – 空导弹。"幼畜"导弹的发射虽然需要飞行员的锁定，但一旦发射后导弹就会自动飞向目标而无须飞行员的进一步指令。

下图："鹰狮"战斗机从研制时起，就以多用途、多任务为重要方向，它可在不改变机身硬件配置的前提下使用一系列不同类型的弹药，并在空中任务期间根据战场需要进行切换。

掠海反舰导弹攻击

从很多方面看，一艘航行于海上的战舰与陆上的建筑物等固定目标相类似，因此对其实施攻击的方式也大致相同。但是，对海上战舰的攻击也有自己的特点，战舰虽然速度远慢于战机或发射的导弹，但它仍可移动规避攻击，而且大型战舰通常都搭载着先进的区域防空系统，这使得在近距离上对这类目标实施攻击非常危险。利用制导弹药从其防空导弹攻击范围外对战舰实施打击是不错的选择，但目前常使用的几种制导弹药在海上攻击环境中并不总像在陆地上使用那么奏效。比如，GPS制导武器，这种武器的制导方式只能使弹药发射后朝着预设目标点飞行，弹药本身并无法在飞行过程中主动搜寻目标并对飞行弹道进行调整，而战舰只要略微移动一定距离，即可让GPS制导弹药失效；相比之下，激光制导弹药虽然具备打击移动目标的能力，但在雨雾频生的海上作战环境中，并不总是适宜激光制导武器的使用，同时此类武器要准确命中目标，需要始终保持对战舰进行激光指示照射，这也增大了应用的难度。

因此，要有效地对海上目标实施打击，必须使用一种能够自行精确制导的、射程足够远的武器系统，比如雷达或红外引导的导弹系统，这类武器在飞赴目标区的途中依靠弹体内的导航系统（通常是惯性导航或GPS导航），进入目标区后再打开引导头，搜索并锁定目标。为了突破战舰的远程区域防御和近程点防御体系，导弹须尽可能低地掠海飞行，以降低被战舰雷达发现的距离，缩减后者采取反制措施的时间。掠海飞行时，导弹的高度由弹体内的雷达高度计控制，以防止导弹冲入海面之下。

一旦进入目标区后，导弹的引导头开启，引导头通常采用主动雷达搜索或被动红外制导的方式。两种方式相比，主动雷达搜索更易让目标发觉攻击的导弹，而被动红外搜索则利用战船发动机的热量辐射被动探测，隐蔽性更强。

此外，针对战舰这类水面目标的结构，反舰导弹的弹头也经过特别设计，能够穿透战舰外壳延时在其内部爆炸，以期获得最佳的攻击效果，比如击沉或彻底瘫痪目标战舰。与陆地上使用的钻地弹药相比，穿透舰体外壳的难度要低得多，因此反舰导弹弹头远比不上前者复杂。事实上，如果以钻地弹药的穿透力来攻击战舰，弹体很有可能彻底洞穿战舰而不会引爆，所起到的摧毁效果反而弱于反舰导弹弹头。

左图：对海上目标的攻击任务，通常任务航程都较远，对于小型战机来说加挂副油箱就是必不可少的选择，这虽然会减少战机弹药负载量，但也无须动用大型的、易遭攻击的空中加油机伴随保障。

作战与飞行特性

　　"鹰狮"是根据瑞典空军的作战需求而量身定做的,能够在800米的被冰雪覆盖的跑道上起降,两个飞行架次之间的周转准备时间(包括重新加油、重新装弹、必要的维修和检查)仅需10分钟。瑞典的BAS90系统是"鹰狮"具备该能力的关键因素,该系统能够保证战时飞机在分散的公路地带起降和维护。此外,"鹰狮"的设计理念还包括,在野外条件下即可轻松进行主要维护作业。在瑞典空军的一次示范中,一架"鹰狮"完成任务归来,3个人的机务小组迅速拆下仍然炙热的RM12发动机,之

下图:F7联队的两架都涂装了低可见配色方案的JAS 39A"中鹰狮"战斗机39140和39170,它们携带了用于空战和攻击的弹药。

后迅速将其装回,飞机再次起飞,整个过程仅仅用了 45 分钟。

　　三角翼加鸭翼的组合,不仅使"鹰狮"具有出色的飞行特性,还使它具有了良好的起飞和着陆性能。搭载防空武器配置时,"鹰狮"仅需要 500 米的跑道。当飞机着陆滑跑时,面积很大的鸭翼几乎可以向前倾斜 90°,可当作巨大的减速板使用,同时还能保证鼻轮稳稳地贴于地面,从而使机轮刹车的效果最大化。"鹰狮"战斗机也安装了两个传统的减速板。据说"鹰狮"的起飞技术是,先将减速板打开,将发动机净推力(不开加力的情况下)加至最大(1908 千克/53.4 千牛),然后迅速收起减速板,同时打开加力(80.5 千牛)。具体来说,

上图:第 3 批次的"鹰狮"是 JAS 39 中性能最为全面的。在改进措施中,飞机安装了可收缩式空中受油管。

　　"鹰狮"在内燃油加满而不带任何武器时,让发动机以 240 千米/小时的转速原地运转,仅需 18 秒便能够以超过 330 千米/小时的速度升空。"鹰狮"的爬升速度是 550 千米/小时,对于一位以前没有接触过它的飞行员来说,这个爬升率很惊人。"鹰狮"战机具有出色的飞行品质和良好的操纵性能;"鹰狮"战机在进行战术仪表着陆系统(ILS)进行着陆时的进场速度(最后速度)为 280 ~ 300 千米/小时,而着陆时的速度大约为 270 千米/小时,攻角为 12°。单机着陆时攻角可达到 14°,着陆时的

速度大约为 235 千米 / 小时。

"鹰狮"的一个特别有意思的特点是"减速逻辑",飞行员可以仍在空中时就全力减速。而减速系统只会在鼻轮着地时才会启动,而此时所有的控制翼面,包括鸭翼,都会立刻移至最大阻力位置——以实现极大程度的减速。以 14° 的攻角进场时,停车距离在 350 ~ 400 米之间。

对战斗机的飞行特性来说,其对速度有很高的要求。"鹰狮"具备"超音速巡航"能力,这意味着它能够在不开加力的情况下进行超音速飞行,即便携带着外挂载荷时也是如此。这其中一部分原因在于"鹰狮"的设计具有极低的诱导阻力。飞行员们对"鹰狮"的描述是,它速度的转变和维持与他们所飞过的任何

飞机都不相同——从某种程度上说,这对一种三角翼飞机来说很不寻常。

尽管"鹰狮"9g 的过载能力与现役的其他现代战机不相上下,但是它的每秒 6g 的加速率和"不用操心"操纵性能使其必须小心应对"g 锁"。所谓"g 锁"是指在连续迅速做出很多过载机动,而前几个过载机动产生的效果(如视野狭窄和刺痛感)由于时间过短,不足以让飞行员对即将出现的黑视产生警觉。为了避免这一情况,"鹰狮"飞行员的飞行服包括了全身的抗荷服套装(能够覆盖至腿)、抗荷夹克(与抗荷套装类似)、压力呼吸器(能够避免抗荷夹克将飞行员挤压得无法呼吸)。据称这些额外的保护措施等于将过载降低了 3 ~ 4g。举个简单的例子,当飞行员穿上这些衣服做 9g 的过载时,他只会感觉到 5 ~ 6g。

"鹰狮"的实际性能也让人印象

下图:F7 联队的两架 JAS 39A "鹰狮"战斗机 39155 和 39187 沿着瑞典海岸线巡逻。

上图：老式飞机和新型飞机：F7 联队的 JAS 39A 39131 和 F10 联队的 J35J "龙" 式飞机在一起飞行。"龙" 式飞机的垂尾和机翼上的 50 用于表示 F10 联队 1995 年 8 月 5 日 50 周年纪念日。

深刻。从基地起飞进行 385 千米的战斗空中巡逻时，"鹰狮" 携带 2 枚 Rb99 AMRAAM、2 枚 Rb74 "响尾蛇" 和 2 个副油箱，它的留空时间可达 2 个小时。更不用说 JAS 39 安装有受油管，具备空中加油能力，留空时间和航程都将延长。携带 3 枚 454 千克的 GBU-16 激光制导炸弹进行低—低—低攻击时，"鹰狮" 的作战半径为 648 千米。携带 2 枚 GBU-16 激光制导炸弹和 1 个副油箱时，作战半径可延长至 833 千米。此外，执行典型的高—低—高反舰任务时，"鹰狮" 携带 2 枚 Rb15F 时的最大航程为

500 千米，最大点对点（转场）航程为 2778 千米。

根据 "鹰狮" 的相关使用报告，它的性能超过了设计参数，气动阻力和燃油消耗率低于预期，航程和爬升率却高于预期。据说它的可靠性、可维护性和可使用率也创造了新的纪录，两次故障间隔之间的飞行小时数是 7.6。换句话说，每个飞行小时所需的维修工时为 10，这是所有前线战斗机中最低的。尽管让 "鹰狮" 飞起来的成本与 F-16C/D 不相上下，但是据说 "鹰狮" 每飞行小时的运行成本要比 F-16C/D 便宜 2500 美元（将燃料和所有的维护成本计算在内）。这意味着 "鹰狮" 已经满足了瑞典空军为 2001—2020 年时间段设定的目标。

飞行运行情况

JAS 39 的服役准备工作开始于 1987 年，当时瑞典空军参谋长决定将索特奈斯空军基地的 F7 空军联队作为第一支"鹰狮"作战联队。几个月后，又宣布未来所有 JAS 39 飞行员的改装训练都集中在 F7 联队进行。来自斯德哥尔摩的空军司令部的计划指示更明确指出，未来 F7 联队的任务就是集中进行飞行训练，周期性进行模拟器训练、作战试验和评估，以及备战部队（中队）的组建。但是选择索特奈斯空军基地的 F7 空军联队也存在争议，因为那里相对偏僻和孤立，缺乏体能训练设施以及飞行训练和演习的必备条件。由于类似的原因，1973 年瑞典空军前线部队曾驻扎在那里的 AJ37 "雷"后来撤回去了。但是，早期部署计划要求索特奈斯空军基地的设施必须加以升级，不但要能够保障两个备战部队（中队），还要为整个中队的 16 ~ 20 名经验丰富的飞行员（从"龙"或者"雷"改装过来的）和一个班的新飞行员（从中央飞行学校直接过来的）提供保障。F7 空军联队还要为出口的"鹰狮"提供配套的飞行员培训。

右图：这名瑞典空军试飞员头戴皮尔金顿光电公司/Cumulus 公司的头盔显示器，是要与翼尖上的 IRIS-T SRAAM 导弹配合使用的。

一个专门的"鹰狮"改装训练中心（"鹰狮"中心）在索特奈斯建成，并于 1996 年 6 月正式开放。为了训练效率最优化，所有的飞行训练都集中在这个中心进行，包括教室、模拟器、气象办公室、飞行计划中心和一个体育馆。这些设施都靠近停机坪和机库，飞行员可以直接上下飞机。瑞典人非常重视模拟器训练，所以"鹰狮"中心有两个全任务模拟器（简称 FMS，一种非常先进的座舱样式的模拟器）和 4 个多任务训练器（MMT）。多任务训练器是一种比全任务模拟器简单一些的系统，拥有座舱仪表和一个用于显示外部环境的屏幕。各个模拟器还可以相互连接，可以让飞

上图：比约恩·约翰松（右）在飞行后与他的两个 TU-39 部门的同事在讨论。

行员与其他飞行员一起执行"飞行"任务或者进行"空战"。计划要求所有装备有"鹰狮"的基地都要装备一台 MMT 进行模拟训练。

所谓的 FUS39（瑞典语"飞行改装训练系统39"的首字母缩写）已经在"鹰狮"中心建成。它包括两套完全不同的训练体系。第一套体系用于具有"龙"或者"雷"战斗机驾驶经验的飞行员的改装训练；第二套用于训练刚毕业的新飞行员，他们要么只经过基本飞行训练（GFU，瑞典语"基本飞行训练"的首字母缩写），要么只经过基本战术飞行训练（GTU，瑞典语"基本战术飞行训练"的首字母缩写），只有 200 小时的 SK60 教练机飞行经验。因此 F7 空军联队的"鹰狮"改装训练课程又分为

TIS39:A 和 TIS39:Y。前面的 TIS39 是瑞典语"Typinskolning 39"的缩写，意思是"型号改装39"。后缀的"A"代表有经验的飞行员（瑞典语"Aldre"的首字母，意思是"老的"），"Y"代表新飞行员（瑞典语"Yngre"的首字母，意思是"年轻的"）。TIS39 分为 4 个阶段，学员们要经历飞行、航电系统、武器系统和基本战斗的训练。

对于有战斗机飞行经验的飞行员来说，"鹰狮"的改装训练是在为期 6 个月的 TIS39:A 课程中完成 60 小时的飞行训练和 40 小时的模拟器训练。由于广泛采用了先进的 FMS 和 MMT 模拟器，TIS39:A 课程并不需要 JAS 39B（双座型）进行飞行训练，有经验的飞行员在模拟器上完成了 15 次"飞行"后就在 JAS 39A 上进行自己的第一次"鹰狮"飞行任务。2001 年 11 月，TIS39:Y 课程在 F7 空军联队开展。这一课程的"鹰狮"改装训练为期 12 个月，按照单座型和双座型飞行训练又大致分为 70% 和 30% 两部分。这些飞行员还要到作战联队进行 12 个月的"鹰狮"高级作战训练。这一课程被称作 GFSU JAS 39（瑞典语"'鹰狮'高级作战训练"的首字母缩写），之后飞行员就能够达到全面作战状态。

第一批交付给瑞典空军的"鹰狮"于 1994 年开始列装，隶属于 JAS 39 作

上图和左图：ACAS 不会干扰"鹰狮"正常的编队飞行。

下图：ACAS 计划的臂章表明，这是另一个美国 / 瑞典的联合项目。在臂章的中心可以看到两架将要交会的飞机。

战试验和评估部队（简称 TU JAS 39，"TU"是瑞典语"作战试验和评估"的首字母缩写）。该部队最初的基地位于马尔姆斯莱特，以便于与同样以那里为基地的瑞典国防装备管理局下辖的测试部队（FMV：PROV）进行合作，而且那里还接近萨伯公司在林雪平的工厂。现在，TU JAS 39 的基地位于 F7 空军联队所在的索特奈斯，任务是研究"鹰狮"任务战术和基本的作战方针。它还要参与"鹰狮"系统的研发，围绕着各种系统的集成展开，包括新式武器和传感器，指挥、控制和信息系统，任务计划和分析设备，以及模拟器。此外，它还负责战术系统功能的验证。

下图：这里可以看见 NINS/ NILS 为飞行员计算的轨迹。浅绿色的区域是安全边界；在区域外面，飞行员可尝试另一种着陆方法。深绿色区域意味着飞行员要排好队以进行一个完美的着陆。边上的插图形象地显示了在着陆期间，飞行员在他的平视显示器上看到景象。

瑞典空军第一支完成 JAS 39 "鹰狮"改装训练的作战部队是 F7 空军联队自己下辖的部队，以前使用的飞机是 AJS37 "雷"。第一支达到作战状态的部队是 F7 空军联队第 2 中队（无线电呼号是 "古斯塔夫·布拉"），时间是 1997 年 10 月 31 日。一年以后，F7 空军联队第 1 中队（无线电呼号是 "古斯塔夫·罗德"）也达到作战状态。第二支进行 "鹰狮" 改装的联队是位于恩尼尔霍尔姆的 F10 空军联队。它下辖的两个中队——F10 空军联队第 2 中队（无线电呼号是 "约翰·布拉"）和 F10 空军联队第 1 中队（无线电呼号是 "约翰·罗德"）——分别于 2000 年 1 月和 2001 年 1 月开始在索特奈斯空军基地接受 F7 空军联队的 TIS39:A 训练。随后，F7 空军联队的教官协助 F10 空军联队的飞行员进行 GFSU:A 训练，整个过程大约耗时一年（每个中队一年）。"约翰·布拉" 的情况不大相同，它是直接从 20 世纪 50 年代的古老的 J35J "龙" 直接改装 JAS 39 的。

最初的计划是，瑞典要在 2006 年以前为其 6 个飞行联队下辖的 12 个中队装备 204 架 "鹰狮"。但是 2000 年 3 月，瑞典国会制订了新的防务计划，将原计划的 "鹰狮" 中队数量由 12 个减至 8 个。这很大程度上是由于成本问题。两个联

上图："鹰狮" 战斗机参加 2002 年国际航空航天展。图中为两架 JAS 39A 和一架 JAS 39B。智利空军代表与他们的同行巴西空军一样体验了双座 "鹰狮" 飞机的飞行，因为智利空军一直以来被认为是 "鹰狮" 战斗机的潜在客户。

队被剥夺了装备 "鹰狮" 的机会：恩尼尔霍尔姆的 F10 空军联队和乌普萨拉的 F16 空军联队。F10 空军联队本来已经完成了 "鹰狮" 的改装训练，而 F16 空军联队本来应该是瑞典空军的第 3 个 "鹰狮" 联队。这一决定对大多数人来说都很震惊，尽管事出突然，但是瑞典政府认为这是最好的解决方案。这意味着瑞典空军的 8 个 "鹰狮" 中队将会在 4 个空军联队内组建——奥斯特松德的 F4 空军联队、索特奈斯的 F7 空军联队、勒讷比的 F17 空军联队和陆勒奥的 F21 空军联队，改装工作于 2004 年完成。当时瑞典政府还决定将每个中队的 "鹰狮"

数量由 16 架增至 24 架，以保证储备数量不变。但是，后来瑞典空军没有钱支付第一批 40 架"鹰狮"的升级费用，这些飞机要么退役，要么出售给了其他国家。

尽管情况有了新变化，瑞典空军仍然决定完成改装任务和恩尼尔霍尔姆的 F10 空军联队两个"鹰狮"中队的组建（在将其转交给勒讷比的 F17 空军联队之前）。"鹰狮"于 2002 年 12 月装备了 F17 空军联队第 1 中队（无线电呼号是"昆塔斯·罗德"）和 F17 空军联队第 2 中队（无线电呼号是"昆塔斯·布拉"）。F21 空军联队第 2 中队（无线电呼号是"厄本·布拉"）的飞行员完成了索特奈斯空军基地 F7 空军联队的 TIS39:A 训练和恩尼尔霍尔姆的 F10 空军联队的 GFSU：A JAS 39 训练，并于 2002 年 1 月飞回陆勒奥进行作战飞行。同时，F21 空军联队第 1 中队（无线电呼号是"厄本·罗德"）仍继续装备 AJSF37"雷"执行侦察任务，直至 JAS 39 能够完成战术侦察任务（2004 年）。瑞典空军的第 4 个，也是最后一个装备"鹰狮"的联队是奥斯特松德的 F4 空军联队，2002 年 7 月 F4 空军联队第 1

下图：2002 年 5 月，为了赢得巴西新式战斗机的竞标，"鹰狮"的推销商向巴西空军提议，在出售战斗机的同时，还可进行一定的技术转让。一旦"鹰狮"中标，巴西不仅可以在国内进行 JAS 39 战斗机的后勤保障和维修，而且还可以在"鹰狮"服役期间进一步挖掘其潜力。萨伯公司宣布与巴西的 VEM-VARIG 工程与维护公司签订了谅解备忘录，进行工业合作——这些都是巴西政府采购流程中的要求。

中队（无线电呼号是"大卫·罗德"）达到作战状态，F4空军联队第2中队（无线电呼号是"大卫·布拉"）随后于2003年4月达到作战状态。

至2002年2月，超过100架的JAS 39A和10架JAS 39B交付给了瑞典空军；2001年年底，飞行小时数累计超过20000。不过有4架飞机的飞行时间超过了平均飞行小时数，这是PRI39（"优先"39）计划的一部分，是为获得早期机身磨损经验。第1批次的前2架飞机（编号39121和39122）和第2批次的2架样机（编号39131和39142），每架的飞行小时数就超过了800小时。它们都经受住了彻底的结构和系统检测。PRI39计划持续进行到两种机体（第1批次和第2批次）的飞行小时数都达到1600为止。此外，第3批次的两架"鹰狮"也要加入测试计划。

如上所述，"鹰狮"的基本作战原则是BAS90系统所赋予的场地分散哲学。尽管大多数国家都在自己的空军基地中建造了数以百计的加固型飞机掩体（HAS），以避免自己的飞机被摧毁在地面上，瑞典则采用了将自己的飞机分

上图：南非空军总司令洛夫·博克斯中将向首位获得"鹰狮"战斗机飞行资格证的南非空军飞行员表示祝贺。

散部署在露天场地的概念。特别是在海湾战争中，伊拉克的飞机被现代化的精确轰炸技术炸毁在飞机掩体内，更凸显了这一"分散部署"战略的价值。当战争爆发时，瑞典空军将放弃所有和平时期使用的空军基地，每个联队都会把自

右图："鹰狮"战斗机挂载以色列的"蟒蛇"（Python）4先进近距空 – 空导弹和南非的"标枪手" –R（R-Darter）导弹；这种武器载荷构型的试飞并不只是为南非空军进行的。

己的飞机以小群的形式分散开来，并在乡间的高速公路上起降作战。这一政策始于20世纪30年代。

以公路为基地进行作战的要求，强烈影响着瑞典空军的装备选择和组织方法。所有型号的飞机，无论是战斗机还是运输机，都能够在长不超过800米、宽不超过16米的跑道上起飞和降落。此外，两次任务之间的维护和保养必须能够在相对简陋的野外条件下进行，而且要迅速和简单。这对第四代喷气式战斗机来说要求很高。尽管挑战很严峻，萨伯公司仍使"鹰狮"成为现实。BAS90的另一项要求是所有的保障功能必须能够跟随飞机一起分散和机动。

下图：捷克空军评估试飞员在完成"鹰狮"战斗机评估试飞后与瑞典空军总司令肯特·哈雷斯考格一起交谈。

目前，瑞典空军有6个基本的平时空军基地和16个储备的战时空军基地，以备战时分散。在2000年以前，这一数字是24。每个BAS90战时基地都是一个20千米×30千米的区域，包括一条2000米长的主跑道，以及3条或4条800米长的卫星式辅助跑道，通常都是几段加固和加宽过的高速公路，通过普通公路相连。在路旁有100块小型开阔地，通常都在树林中经过良好的伪装——尽管瑞典北部地区也有在岩石中开凿的掩体——这些地方可用于飞机的再次出动准备。这些战时基地还预先设置了燃料补给站和可用于指挥和控制的隐蔽掩体。除了BAS90战时基地，另有50处地点可用于分散作战，包括民用轻型飞机跑道。

BAS90需要注意的一点是，飞机会频繁更换地面基地，理想情况是永远不在起飞离开的地方降落。这是为了让潜在的攻击者难于分辨目标。因此，只有效率非常高的后勤系统才能保障该系统的正常运转。据此，瑞典空军还组织了16个所谓的Basbat85基地营，他们的任务是在分散的野外条件下对飞机进行维护和重新装弹。每个Basbat85基地营包括8个机动小组，每个小组有6名技术人员和3辆卡车，卡车用于装载一架战斗机再次出动准备所需的工具、燃料和弹药。在这些迷彩隐蔽处，这些小组需要准确到达完成任务返航的战斗机所在的跑道旁待命——将飞机引导至指定停放处，完成再次出动准备，战斗机起飞后就迅速转移。之后这些小组要达到另一处地点，处理下一次战斗机再次出动准备。必要的话，TP84（C-130）"大力神"运输机将负责Basbat85基地营在战时基地之间的转移——运送弹药和机动式地面设备，在树梢高度飞行，在很短的高速公路地带之间转移。

理想情况是，一架携带防空武器配置的"鹰狮"的战时再次出动准备时间少于10分钟，而携带对地攻击武器时的再次出动准备时间也不超过20分钟。较短的再次出动准备时间、维护的可靠性和简便性，是"鹰狮"研制过程中的指导因素。如果研制出一种性能非常先进、效率也很高的战斗机，但是它不能适应瑞典空军的BAS90战略，那这一切都是毫无意义的。此外，为了确保自己能够处于巅峰状态，"鹰狮"部队要经常进行BAS90实战演习。典型的演习通常要持续一至两周，在野外条件下全天24小时进行不同作战角色的切换。Basbat85小组通常只有1名有经验的技术人员，剩下5人是应征入伍的士兵——士兵们只需要进行几周的训练，就能执行自己的任务。

在"鹰狮"上查找故障是一件相对容易的任务。通过启动APU，安全检查报告将会自动在HDD上显示。故障信

下图：在2000年"鹰狮"战斗机到访南非期间，一架涂装了特殊颜色的南非空军"猎豹"C型战斗机正在引导着两架编号为JAS 39A 39174和JAS 39B 39804的"鹰狮"战斗机进行飞行。南非空军订购了9架双座"鹰狮"战斗机，在为瑞典空军完成JAS 39B/D的生产后，就可以为南非空军供货了。

息和需要更换的零件会在报告中显示，技术人员可以直奔发生故障的部位，而不需要花上几个小时的时间围着机身寻找。在飞行过程中，如果飞机中途出现了严重故障，飞行员会得到提醒，不过一些小问题就不必了。如果出现严重故障，飞行员从系统获得的相应信息将显示在 HDD 上，并要求电脑列出检查清单，以采取最好的措施，例如"平稳飞行"、"降低飞行速度"、"避开冰雪条件"等。一旦安全着陆，飞行员可以在 HDD 上查阅被称为"快速报告"的操作指南。稍后，技术人员将爬入座舱，获取飞行过程中出现的每一个故障的详细信息。

瑞典空军正逐步用 8 个 Basbat04 基地营（每个"鹰狮"中队一个）取代原来的 16 个 Basbat85 基地营。Basbat04 是瑞典空军转型的一部分——将传统的冷战时代的反侵略防空部队，变为更灵活、更易部署的防御力量。Basbat04 的机动性更高，除了跑道之外，不需要其他基础设施，能够部署在瑞典国内或国外的任何地方。Basbat85 是将飞机和设备在一个很大的区域内分散，而 Basbat04 则采用了更为集中的方式。它能够同时在两个地点开展工作，而只由一个部门进行领导。此外，Basbat04 还要能够在国外作战环境中部署 30 天。

下图：两架奥地利空军的老式 J35OE "龙"式飞机与 F7 联队的"鹰狮"飞机组成了一场"三重奏"。因为奥地利是"龙"式飞机的老用户，因此瑞典人把奥地利当作"鹰狮"飞机的一个理想用户。不幸的是，奥地利出乎意料地最终选择了 18 架欧洲战斗机作为替代方案。

生产订单

瑞典空军订购了3个生产批次、共204架"鹰狮"。在1982年下了第1批次的订单——30架JAS 39A单座型（编号39101～39130）。第一架交付瑞典空军的样机是在1993年6月8日的一次典礼上，地点在林雪平，编号39102（因为39101留在了萨伯公司）。三年半以后，即1996年12月13日，第一批次的最后一架飞机也交付给了瑞典空军。这一合同中的30架飞机都是按照固定价格购买的，这差点让萨伯公司破产，因为在此期间飞机出现了一些问题，尤其是飞行控制系统（FCS）的问题。制造第一架"鹰狮"耗时604天，但是当第一批次的飞机订单完成后，萨伯公司已经将每架飞机的生产时间缩短至200天了。由于一架双座型原型机（编号39800）中途插入生产行列，所以没有一架JAS 39A是按照原订计划生产出来的。因此，没有一架JAS 39A的编号是39130，因为顶着这个编号下线的飞机是39800。

最初的订单还包括110架飞机的可选方案，1992年6月3日这一方案成为实际合同。第2批次包括96架JAS 39A（编号39131～39226）和14架双座型JAS 39B（编号39801～39814）。双座型的JAS 39B比单座型的JAS 39A长66厘米，而且因为要安装第二个座舱，把内置机炮取消了。JAS 39B携带的内燃油也略少于JAS 39A，但是它的性能和设备与JAS 39A相同，作战能力也丝毫不差。1996年12月19日，第2批次的第1架飞机交付瑞典空军，整个批次的交付期至2003年。在这个批次上，固定价格的概念被放弃了，转而采用了"目标价格"，成本超支或节余都要由萨伯公司和瑞典国防装备管理局共同承担。

除了前面提到了航电设备有所变化，第2批次的飞机采用美国汉密尔顿·胜德斯特兰公司的新式辅助动力装置（APU）代替了原来法国微型涡轮发动机公司的TGA15型APU。TGA15型APU在噪音方面达不到瑞典最新颁布的环境保护法的标准，而且使用寿命也

上图：匈牙利空军总司令在 1997 年 9 月 9 日驾驶"鹰狮"战斗机进行飞行评估后，明确地表示，他非常喜爱这款战斗机。

过短。而汉密尔顿·胜德斯特兰公司的 APU 则更为安静，动力输出更强，维护成本也更低，在编号 39207 以后的飞机上开始安装使用。瑞典空军计划对所有"鹰狮"的 APU 设备都进行更换。

瑞典空军于 1997 年 6 月 26 日签订了第 3 批次的订单，共计 64 架飞机，配置也要进行升级。这其中包括 50 架单座型 JAS 39C（编号 39227 ～ 39276）和 14 架双座型 JAS 39D（编号 39815 ～ 39828），于 2003—2007 年间交货。除了性能更先进的航电设备之外，这些飞机还具有空中加油能力——座舱右侧安装有可收缩的受油管，而且还安装了机载氧气生成系统以备长时间任务之需。编号 39-4 的"鹰狮"原型机安装了空中加油公司的空中加油系统，并于 1998 年与英国皇家空军的 VC10 加油机成功进行了加油测试。从 2003 年以后，瑞典空军为自己的 TP84（C-130）"大力神"运输机安装了翼下吊舱加油系统，作为"鹰狮"的空中加油机使用。另一方面，瑞典正在研究为 JAS 39 增加矢量推力——安装欧洲喷气发动机公司的 EJ200 发动机，但是后来因为经费问题而放弃。

在 1995 年的巴黎航展上，英国宇航公司（现在的英国宇航系统公司）和萨伯公司公开宣布，将以合作伙伴的身份共同对"鹰狮"的出口进行营销、适应、制造和支援。萨伯公司知道英国宇航公司能够为"鹰狮"走向海外市场提供更好的渠道，因为英国公司的营销网络比自己好得多。在制造方面，瑞典的工厂将承担主要的出口任务，而英国宇航公司在英国国内进行主起落架系统的集成。但是，一部分机身部件的集成工作也将转移至英国宇航公司在英国布拉夫的工厂。

出口型"鹰狮"在瑞典国内被称为 JAS 39X，以瑞典空军的第 3 批次 JAS 39C/D 标准为基础。尽管它仍然保留了"鹰狮"的本质特征，如线传飞控系统、低雷达信号特征和数据链系统，但是 JAS 39X 基线中增加了一些额外的性能，如空中加油能力、机载氧气生产系统、前视红外（FLIR）/激光指示吊舱、头盔显示器和英语系统。此外，座舱中也可以安装夜视镜（NVG）。如果需要的话，还可安装北约通用标准的武器挂架。一架用于出口的"鹰狮"其具体配置如何，要取决于客户的要求，因此出口型"鹰狮"可谓"因国而异"。目前，

萨伯公司和英国宇航公司每年可以生产 18 架"鹰狮"，而其出口订单的要求是每年 28 架。萨伯公司和英国宇航公司预计切合实际的出口目标是 400 架。

"鹰狮"的第一次成功出口可以说来得有点意外。"鹰狮"的目标市场定位一直是东欧和南美洲的潜在客户，并认为第一个客户来自这两个地区。但是，南非却于 1998 年 11 月订购了 28 架"鹰狮"战斗机，用于替换自己第 2 中队的"猎豹"C 型和 D 型。合同规定，在 2007—2009 年间交付 9 架双座型"鹰狮"，在 2009—2012 年间交付 19 架单座型"鹰狮"。南非还为这些飞机指定安装皮尔金顿公司和丹尼尔公司合作研制的"保护者"HMD，还将集成南非研制的具备离轴发射能力的 A-Darter（"标枪"）空对空导弹。

第二个国外客户是匈牙利。2001 年 11 月，匈牙利与瑞典政府签订了为期 10 年的合同，购买 14 架符合北约通用标准的"鹰狮"战斗机——12 架单座型和 2 架双座型，并保留增购的权利。这些飞机于 2004 年年底开始交付，所有的飞机于 2005 年全部交付至匈牙利凯奇凯梅特的作战中队。这些飞机中一部分是早期生产型"鹰狮"（瑞典空军采购剩余的），应匈牙利的要求，萨伯公司和英国宇航公司按照要求进行了相应

的改装。这些工作完成于瑞典空军的维修工厂。2001 年 12 月，匈牙利北面的邻居——捷克共和国，宣布购买 20 架单座型和 4 架双座型"鹰狮"替换自己的米格 -21 战斗机。而且，这些飞机也要完全符合北约的通用标准。合同谈判非常顺利，捷克空军计划中的两个"鹰狮"中队中的第一个在 2005 年年底成军。

潜在客户对"鹰狮"的兴趣依旧浓厚，萨伯公司和英国宇航公司正积极向奥地利、波兰和巴西推销这种战斗机。"鹰狮"将是奥地利装备的萨伯 J35OE "龙"的最佳代替品——这个国家需要 24 架单座型和 6 架双座型。这些老旧的"龙"于 2005—2012 年陆续退役。此外，与波兰的谈判也在进行中，波兰预计需要 60 架战斗机。波兰曾表示短期

需要 16 架飞机，另外在 2008 年年底需要 44 架全新的战斗机。同时，巴西也准备购买 24 架新式战斗机，来替换自己的 F-5。萨伯公司和英国宇航公司还与东南亚国家联盟（ASEAN）中一些国家进行了接触，其中一些国家会在几年替换其老旧落后的战斗机。在很多市场上，"鹰狮"将面对洛克希德·马丁公司的 F-16 "战隼"、波音公司的 F/A-18 和达索公司的"幻影"2000-5 的竞争，"鹰狮"最好的机会窗口是在 2005—2010 年。在此期间，大量的第三代战斗机逐渐老化，而未来的对手（如洛克希德·马丁公司的 F-35 JSF）还无法对外出口。

下图：当匈牙利空军开始接收"鹰狮"战斗机后，米格 -29 战斗机和"鹰狮"战斗机一起飞行的情况将时常发生。

主要尺寸

翼展（包括翼尖的导弹发射架）：8.40 米

机身长度：单座型，不包括空速管——14.10 米

          双座型，不包括空速管——14.80 米

高度：4.50 米

轮距：2.40 米

轴距：单座型——5.20 米

      双座型——5.90 米

重量

空重：5700 ~ 6622 千克

最大起飞重量：14000 千克

正常起飞重量（防空武器配置）：8500 千克

性能

最大速度：海平面 1.15 马赫

         高空大约 2 马赫

加速性能（低空，从 0.5 马赫至 1.1 马赫）：30 秒

爬升率（采用减速板突然放开的方式爬升至 10000 米）：120 秒

转弯性能：稳定盘旋率，20°/秒

         瞬间盘旋率，30°/秒

航程（携带副油箱）：3000 千米

实用升限：20000 米

作战半径：463 ~ 556 千米

过载：+9g 至 -3g

作为战斗机时的推重比：最大起飞重量时——1.0；

                燃料消耗掉一部分后——1.5

座舱：JAS 39A——飞行员；JAS 39B——飞行员和辅助飞行员或系统操作员

发动机：1 台沃尔沃航空发动机公司的 RM12 涡扇发动机，净推力 54.00 千牛，开加力时推力 80.51 千牛

武器配备

1 门 27 毫米 "毛瑟" BK27 机炮；

AIM-9L "响尾蛇"（Rb74）、AIM-120 AMRAAM（Rb99）；

IRIS-T 空对空导弹、AGM-65 "小牛"（Rb75）空对地导弹；

Rb15F 反舰导弹、DWS39 反装甲撒布式武器；

KEPD-150 "金牛座" 防区外发射导弹（SOM）

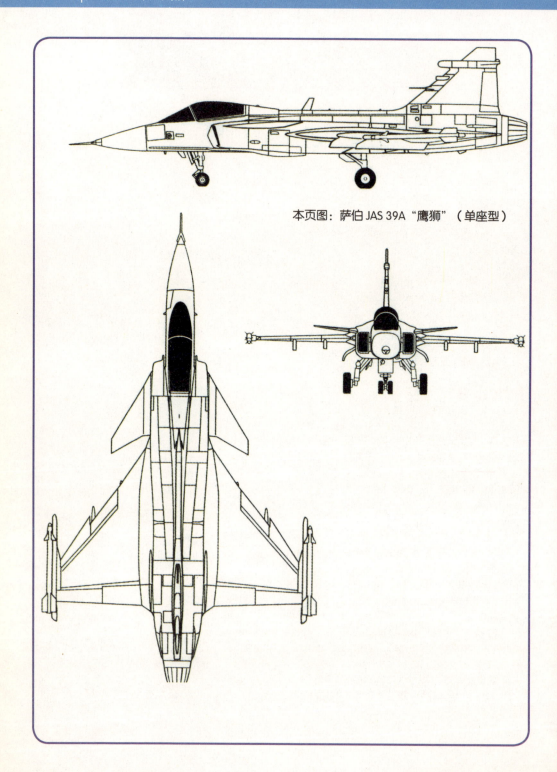

本页图：萨伯 JAS 39A "鹰狮"（单座型）

"鹰狮"与竞争对手的技术数据对比

	萨伯公司"鹰狮"	达索航空公司"阵风"C	欧洲战斗机公司 EF2000	洛克希德·马丁公司 F/A-22"猛禽"	F-35 联合攻击战斗机⑤	以色列航宇工业公司"幼狮"
最大起飞重量/吨	12.7	21.5	21	36	32.5	17.1
正常起飞重量/吨	9	15.2	15	27		
最大外挂负载/吨	Ca4.5	8	6.5			
外部挂架	7	14	13	10		11
推力/千牛	80	146	180	310	177	90
推重比	0.9	0.98	1.23	1.17		
机翼面积/平方米	30.7	46	52.4	78	42.7	32.5
翼载/(千克/平方米)	293	330	286	346		
最大过载/g	9	9	9	9	9	9
起飞距离/米	395	395	295			
着陆距离/米	490	395	490			
最大速度/Ma	2.0	1.8④	2.0	2.2～2.5	1.6	1.85
进入服役时间/年	1993	2002	2003	2005	2008	
形成初始作战能力时间/年	1997	2006	2007		2011	
单机估价/百万美元	30	51	51	156	40	
首飞时间						
第一架技术验证机	—	1986年7月4日	1986年8月8日	1990年9月29日	2000年10月24日—	
第二架技术验证机	—	—	—	1990年10月30日	2001年6月24日⑥—	
第三架技术验证机	—	—	—	—	2000年12月16日—	
首飞时间						
第一架原型机	1988年12月9日	1991年5月19日	1994年3月27日	1997年9月7日		1986年12月31日③
第二架原型机	1990年5月4日	1991年12月12日②	1994年4月6日	1998年6月29日		1987年3月30日③
第三架原型机	1991年3月25日	1993年4月30日①	1995年6月4日	2000年3月6日		1989年9月9日
第四架原型机	1990年12月20日	1993年11月8日	1997年3月14日①	2000年11月15日		
第五架原型机	1991年10月23日	—	1997年2月24日	2001年1月5日		
第六架原型机	1992年9月9日④	—	1996年8月31日①	2001年2月5日		
第七架原型机	1996年4月29日①	—	1997年1月27日	2001年10月15日		
第八架原型机	—	—	—	2001年2月8日		

① 表示涉及了战斗机的双座改型机。
② 表示为了便于在航母上着舰增强了起落架强度的舰载型。
③ 表示双座原型机，但是测试仪器占用了第二排座椅。
④ 表示其实是生产型飞机，但是在损失掉原型机后为了防止拖延未来的进度而将其用作试验机。
⑤ 表示常规的起飞和着陆型。
⑥ 表示垂直起飞和着陆。

"鹰狮"战斗机的事故

第一架原型机的损毁

在"鹰狮"原型机 39-1 飞行前的地面试验过程中记录了燃油工作系统的虚警信号。这个问题是要在飞行试验过程中进行验证的，并且由试飞员拉尔斯·罗德斯壮（Lars Radestrom）负责这个系统，他成为第三个试飞"鹰狮"原型机的试飞员。

1989 年 1 月 12 日，进行了燃油系统的压力测试，而其他一些试验则在 1 月 24 日进行。计划在 1989 年 2 月 1 日进行第六次试飞，但是由于天气恶劣，飞行计划推迟到第二天。该次试飞计划是由两架伴飞飞机监控"鹰狮"原型机的试飞，其中一架 J32 的飞行员是阿恩·林德霍尔姆（Arne Lindholm），他已有两次驾驶"鹰狮"飞机飞行的经验；另一架 SH37 型飞机的飞行员是雅尔·吉塞尔曼（Jard Gisselman）。

1989 年 2 月 2 日 11 时 27 分，试飞员拉尔斯·罗德斯壮首次驾驶"鹰狮"原型机 39-1 进行第六次试飞。在飞行过程中，他实施了紧急迫降。44 岁的拉尔斯·罗德斯壮，凭借其丰富的飞行经验，在着陆滑行过程中，试着再次让飞机起飞，然而，飞机与地面发生了碰撞，飞机的左主起落架折断，并且天线罩损坏，然后飞机反弹、滑行并半滚跃升倒转穿越跑道。

幸运的是，拉尔斯·罗德斯壮只受了轻伤——除了胳膊骨折和受到剧烈震荡外，他一切都好。由于"鹰狮"原型机已无法继续飞行，拉尔斯·罗德斯壮尝试弹射，但是"鹰狮"飞机已经结束倒滚状态。这是拉尔斯·罗德斯壮职业生涯中的第一次飞行事故，在此之前，拉尔斯·罗德斯壮已安全飞行各类飞机共计 4032 飞行小时。

由于机载飞行记录设备没有受到损坏，地面遥测设备所记录的数据，以及萨伯公司和一家电视台正在拍摄飞机着陆的影片资料都是可用的，因此，这次事故的原因很快便被找到。

事故分析表明，事故原因是飞行控制系统的软件存在设计缺陷。特别是在这次飞行试验过程中，飞行控制系统的软件中俯仰控制程序的缺陷导致的诱发震荡问题引起人们关注。

瑞典事故调查委员会（SHK）和瑞典国防装备管理局对萨伯公司试验部提出了批评，他们认为，应该让一位具有足够驾驶经验的试飞员进行第六次试飞，而拉尔斯·罗德斯壮是首次驾驶"鹰狮"原型机。另外两位试飞员已经分别驾驶过"鹰狮"原型机39-1：试飞员斯蒂格·霍姆斯特姆（Stig Holmstrom）在前三次试飞中驾驶过"鹰狮"原型机，试飞员阿恩·林德霍尔姆分别在第四次和第五次试飞中驾驶过"鹰狮"原型机。

在第六次试飞时，"鹰狮"原型机在翼尖处携带有模拟的"响尾蛇"空－空导弹，也是第一次，萨伯公司为了使照相吊舱更易操作，且在遭受可能超过飞机限制值的巨大侧风时不易受到影响，而对飞机采取了加固措施。事实上，瑞典事故调查委员会认为，侧风着陆已经超出了这个限制。萨伯公司认为这次飞行事故的发生会影响到整个飞行试验计划，但这也会促使新型军用飞机不断改进。

瑞典事故调查委员会指出，萨伯公司和瑞典国防装备管理局应该利用美国爱德华空军基地所储备的大量适用的飞行技术知识来防止事故的再次发生。因此，在这次飞机失事后，萨伯公司被获准进入一些特殊的专业部门，如使用洛克希德公司的NT-33A测试平台，对第二架"鹰狮"原型机所装载的飞行控制系统软件做一些重要修改。这次测试计划分别历时78飞行小时和74.6飞行小时，并且用超过350飞行架次模拟了撞击着陆过程中所经历的情况。

NT-33A测试平台一直被用于解决许多美国战斗机和以色列"幼狮"战斗机上飞行控制系统所遇到的问题，印度轻型战斗机也曾使用过。然而，这其中最大的区别是：NT-33A测试平台用来解决"鹰狮"原型机所遇到的问题是在其飞行试验计划开始之后，而其他公司则是在开始飞行试验前就已经用该系统获取一些信息，以防止价格昂贵的原型机发生飞行事故。

第二架生产型"鹰狮"战斗机的坠毁

1993年8月8日，试飞员拉尔斯·罗德斯壮又被卷入另一场"鹰狮"战斗机的坠机事件中。在为斯德哥尔摩泼水节进行的飞行表演中，拉尔斯·罗德斯壮正驾驶一架编号为JAS 39A 39102的生

上图:第一架"鹰狮"原型机第六次试飞失事前的照片。

产型"鹰狮"战斗机飞行,忽然间,他失去了对飞机的控制,别无选择,他只好进行弹射,弃机跳伞。神奇的是,虽然该架"鹰狮"战斗机穿越了城市的中央地带,并且城市中央聚集了许多过节的人群,但并没有人在该次事故中受伤。颇具讽刺意味的是,因为这个原因,"鹰狮"战斗机被贴上"世界上最安全飞机"的标签。

两个月前,坠毁的 JAS 39A 39102 飞机刚作为第一批生产型"鹰狮"战斗机交付瑞典空军;在这架飞机失事前,它已经完成了 51 个飞行起落。由于瑞典空军没有自己的表演飞行员,因此萨伯公司的飞行员拉尔斯·罗德斯壮参加了这次飞行表演。他这样描述弹射前的感觉:"就像坐在一块热马铃薯上的黄油。"飞机坠毁后,所有"鹰狮"战斗机暂时停飞,等待瑞典事故调查委员会的另行通知。同时,这也是拉尔斯·罗德斯壮作为"鹰狮"试飞员的最后一次飞行,因为他已经到了试飞员年龄限制的 50 岁。

8 月 18 日,瑞典事故调查委员会公布这次飞行事故的初步调查结果。事故原因是飞机的飞行控制系统对驾驶杆输入的响应过于放大,再加上飞行员快速和频繁地使用驾驶杆，导致飞机的稳定裕度超过了飞机的限制，最终导致飞机失速。主要结论是：

- 在飞机失事前，唯一发生故障的设备是电子航图，该故障与飞机坠毁无关。
- 在飞机失事前，飞行控制系统、发动机和所有其他系统工作正常。
- 没有任何外在的原因值得怀疑。
- 飞行员的训练和装备都是正确的。
- 微量超过飞机飞行最低高度和最大迎角的限制，不会导致飞机失事。
- 制造商和客户都知道，快速和频繁地使用驾驶杆可能导致飞机产生发散的驾驶员诱发震荡，但是考虑到这种情况发生的概率非常小，因此，该情况没有事先告知飞行员。
- 红色告警灯的亮度已达到饱和状态，此时飞行员想要通过操作飞机控制系统避免飞机失速已为时太晚。
- 在低空，270米时，飞行员根本来不及恢复对飞机的控制。

瑞典事故调查委员会在1993年12月6日发表其最后的事故调查报告，证实事故原因是：

- 飞行控制计算机在事故中严重受损，但所有的碎片都可以找到，内存电路可以识别，这使得飞行控制计算机中所

记录的数据可以正确读取。这意味着，可以提供飞机坠机时完整的操纵数据，并作为有效的调查依据。

- 飞行表演计划内容不符合飞行试验计划规定的目标，并且在飞行手册中只提供了其所规定的飞机离场方式。
- 飞行员的操作超出了飞行表演所设定的极限范围，虽然这并不会直接导致这次事故的发生。
- 通过充分分析飞机复杂的控制律后，可以认为这些控制律是有问题的。
- 在整个飞行包线内，舵面移动速率限制的影响还没有得到充分研究。
- 在飞机上还没有成功地对驾驶员诱发震荡进行验证。
- 在使用飞行模拟器进行训练时，驾驶杆的操作方式太少，这与操作真实飞机有所不同。
- 研究表明，在模拟环境中，"鹰狮"战斗机失速时的迎角有可能小于20°。
- 在飞机低速左转时，自动横滚修正是不连续的，此时飞机会自动将迎角设置在超过20°的位置。但是驾驶杆必须保持在右侧2°位置，以保持稳定的倾斜角。
- 在使用飞行模拟器进行训练时，驾驶杆移动至右侧极限位置时所发生的情

况与真实飞机一致，但是驾驶杆已经向右产生了2°位移，当真实飞机上的驾驶杆移动到最大极限位置时所产生的高速率横滚值高于模拟训练时。

第二次飞机坠毁的主要原因，简单来说就是由飞行员指令、驾驶杆的性能、控制律和舵面的限制引起的。次要原因是，这架生产型"鹰狮"战斗机在某些方面与"鹰狮"原型机有所不同，但飞行员还没有完全了解其中不同之处：

1. 这架"鹰狮"战斗机更轻，因此推重比更高，俯仰控制更不稳定。
2. 驾驶杆的输入阻尼更低。
3. 驾驶杆的移动会产生较大的俯仰输入，导致飞机俯仰速率增加过快。
4. 由于飞机重量分布不均，所以要求当自动横滚修正不连续时，驾驶杆应保持在右侧2°位置，以保证飞机有稳定的倾斜角。

"鹰狮"战斗机在服役期间的首次坠毁

1999年9月20日14时22分，两架JAS 39A"鹰狮"战斗机（编号为39128和39156）从塞特纳斯起飞进行一次例行演习。它们在维纳恩湖上空执行一项一对一的低空对抗训练。飞行长

机为目标机，另一架为攻击机。目标机应该在高度200米并以马赫数0.66的速度飞行。在这次特殊的演习过程中，目标机在攻击过程中不能超过6g或17°迎角；也不能在目视到攻击机时开始进行规避机动飞行。

两架飞机在没有通信的情况下开始演习。编号为39156的攻击机快速地建立雷达通信，在8千米的距离时，目视发现目标机并开始采取战斗演习。两架飞机迎面相遇数次。经过大约1分钟机动，由于攻击机飞得过于接近目标机的尾部，所以，飞行员回避爬升机动动作，而是采取指示空速约为400千米/小时的急速俯冲盘旋。然而，攻击机的这个机动动作，由于受到目标机尾部涡流的影响，导致加大了一种不利的俯仰姿态，在大约1000米高度垂直俯冲，并离开目标机。

近地告警系统对攻击机所采取的机动动作发出告警，但是在如此低的飞行高度，飞行员无法执行系统提出的建议，飞行员决定进行座椅弹射。在飞机起飞后的10分钟内，29岁的飞行员理查德·马特森（Rickard Mattson）在距维纳恩湖于拉岛约7千米处从飞机座舱弹射。他降落在水中，并被目标机的飞行员发现。14时59分，理查德·马特森被"超

级美洲豹"直升机救出，当时的水温为15℃。理查德·马特森，在他的职业生涯中曾驾驶编号103的"鹰狮"战斗机飞行1063飞行小时。

在水下80米处发现了飞机的一个应急定位发射机（ELT）。为确保整个事故原因得到全面调查且防止其他感兴趣的机构从飞机残骸中获取信息，进一步的打捞工作立即开始。不久后，公布了初步的事故调查报告，所有"鹰狮"战斗机再次暂时停飞，直到事故调查原因表明飞机在技术方面的故障不会引发"鹰狮"战斗机的坠毁。

这是失事的第三架"鹰狮"战斗机，也是生产型在服役中失事的第一架。寻找黑匣子，即飞行数据记录器的过程十分漫长。2000年5月中旬，70%的飞机残骸被打捞出来并存放在塞特纳斯的维

修机库内。2000年12月12日，飞机其他部分的残骸也被找到，通过应急定位发射机，在水下15米处发现了飞行数据记录器。最后所有被找到的飞机残骸占飞机的74%，其中包括发动机。

这架飞机发动机的生产编号是12.121，它于1994年11月15日被送到萨伯公司并安装到编号为39123的"鹰狮"战斗机上（后来这架飞机在1996年3月7日交付给瑞典空军）。它总的飞行时间达到了195.3小时，1997年，这台发动机在"鹰狮"39123战斗机上进行了C类维修服务。在D类维修服务

下图：与后续"鹰狮"战斗机相比较，早期的生产型"鹰狮"战斗机（如39102）在补给基地上有很大差异。如果这些第一代"鹰狮"战斗机的构型被认为具有成本效益，则这样的飞机构型会作为后续飞机生产的标准。

时，这台发动机被送到沃尔沃公司进行一些改进改型，之后这台发动机就被安装在新生产的编号为39156的"鹰狮"战斗机上。

在交付给瑞典国防装备管理局进行验收试验前，39156飞机已完成了7次飞行试验。其中4次飞行试验没有发现任何问题，另外3次飞行试验仅有一些不太严重的问题，这些都不会导致这次飞行事故的发生。然后这架飞机转场到瑞典国防装备管理局，再次进行了15个飞行架次试验后，转场到F7联队。

由于这架飞机已经离开装配生产线，所以没有贯彻A类改进改型指令（该项指令的类型为"要求"类，而非"强制"类）。A类改进改型指令包含有一些主要和次要的改进改型指令，所以从编号39103至39176的所有生产型飞机状态有两种标准。为使这些飞机达到统一的状态标准，需要根据飞机离开装配线的时间来决定其工作量；编号为39103的"鹰狮"战斗机所需的工作量最多。在2001年11月，所有批次的"鹰狮"战斗机都要执行A类改进改型指令。

"鹰狮"战斗机的近地告警系统根据危险等级，分为四个级别的警告：

A级：所有显示器（下视显示器和平视显示器）上都有告警箭头的指示，并伴有持续灯光和3秒"PULL UP"语音告警。此时，飞行员可以使用飞机80%可用升力来执行飞机拉起机动。

B级：告警灯光开始闪烁，飞行员只有大约1.5秒的时间来完成飞机拉起机动；语音告警达到最大音量。

C级：先发制人的飞机机动时间已经过去。此时飞行员必须至少用飞机80%可用升力来完成飞机拉起机动。如果飞行员操作得当（例如采取适当的拉升力），近地告警系统的显示符号会根据飞机速度矢量的改变而指示到安全飞行高度。

D级：在这个阶段使用80%的机动载荷限制不足以规避危险，近地告警系统的显示符号（两个箭头朝上，底部通过一个线条连接）开始增加，所需的过载在显示器底部用数字形式标识。在飞机即将坠毁前，飞机发出D级告警，提示飞行员飞机过载超过10g，飞行员必须弃机弹射。

瑞典事故调查委员会的调查信息主要来源于飞行数据记录器。根据事故报告，由于目标机涡流和其他因素的影响，使得测试设备和近地告警系统被干扰。

上图：目标飞机 39128，在 1998 年 9 月 20 日完成重要任务后返回基地。就是这架飞机造成的干扰导致 39156 飞机上的飞行员收到错误的告警。

飞行数据记录器的数据显示，在飞行员弹射前，近地告警系统发出了 A 级和 B 级告警，而在飞行员弹射时，近地告警系统发出了 C 级告警。

　　攻击机飞行员在飞行过程中穿越了目标机尾部的涡流，但他没有从驾驶杆上得到应有的响应，而是近地告警系统发出 D 级告警，因此飞行员决定弃机弹射。在事故发生之前，目标机也保持与攻击机大致相同的机动动作，然而并没有遇到"鹰狮"39156 战斗机的问题。

　　事故调查报告中技术报告的作者奥洛夫·诺润（Olof Norén）说，引起近地告警系统功能失效的原因可能是由于二次空速管安装在垂尾中间位置而引起的压力干扰所导致。瑞典事故调查委员会向瑞典国防装备管理局提出以下 10 条建议：

1. 研究"鹰狮"战斗机在飞越所有类型和不同大小的涡流时，涡流对飞机所产生的影响。应优先考虑飞机大幅度机动下降并用大气模型模拟涡流强度。同时，这些研究结果和所取得的经验应该在"鹰狮"战斗机飞行手册中明确，并且应清楚地解释由于涡流造成的气动干扰所产生的后果。

2. 瑞典国防装备管理局应调查在极端的紊流和涡流条件下，近地告警系统的功能所发生的任何变化，并写入"鹰狮"战斗机飞行手册中。

3. 瑞典国防装备管理局应确保飞行员在培训时能获悉这些知识。

4. 在培训手册中应增加风险分析的内容。

5. 瑞典国防装备管理局应改进弹射座椅的手臂约束系统，使之符合设计要求。

6. 改进救生筏电池，使其更适合瑞典环境条件（即湖泊含盐的程度较低）。

7. 瑞典国防装备管理局应就紧急弹射状态时的正确程序和设备对飞行员进行培训。

8. 飞行数据记录器应安装在飞机发生紧急情况时也不易损坏的位置，并且要把应急定位发射机放置在飞行数据记录器内，以便在飞机失事后，更容易找到飞行数据记录器。

9. 瑞典国防装备管理局应该重新检查飞行数据记录器记录的容量，以及在多长时间间隔被记录。这将有助于今后的事故调查。适当增加飞行数据记录器内存证明了这一点。

10. 瑞典国防装备管理局应该淘汰现在飞机上所安装的 Hi-8 视频系统，使用不会因海水浸泡而损坏的新设备。